身近な疑問を解いて身につける

必修アルゴリズム

矢沢久雄 著
日経ソフトウエア 編

日経BP

はじめに

皆さん、こんにちは。著者の矢沢久雄です。

私は、学生時代から趣味でプログラミングを始め、IT企業に就職してプログラマになりました。現在は、書籍や記事を書く仕事、プログラミングを指導する仕事をしています。

かれこれ40年以上もプログラミングに関わってきたわけですが、今でもプログラミングが大好きです。なぜなら、プログラミングは、何年やっても決して飽きることがない、とても楽しいものだからです。そんなプログラミングの楽しさを、多くの皆さんに知っていただくために、本書を作りました。

プログラミングには様々な魅力がありますが、本書では、2つの楽しみ方をお伝えしたいと思います。1つは「問題を解くためのアルゴリズムを知ること」です。そして、もう1つは「アルゴリズムを具現化するプログラムを作ること」です。どちらもゾクゾクするほど楽しいものです。

アルゴリズムの解説では、皆さんに興味を持っていただけるように、日常生活の中にある問題を取り上げています。例えば、「自分の100歳の誕生日は何曜日か？」という疑問や、「東京駅から新宿駅までの最短経路は？」といった疑問から生まれる“身近な問題”です。

このような“身近な問題”を解く手法として、本書で紹介するのは、有名なアルゴリズムばかりです。例えば、「動的計画法」「ダイクストラ法」「ベルマン＝フォード法」「k-means法」「ボイヤーとムーアの過半数判定アルゴリズム」「ゲール＝シャプレー・アルゴリズム」など、様々な問題に応用できるアルゴリズムです。これらは、アルゴリズムを学ぶ人にとって、知っておくべき“必修アルゴリズム”だといえるでしょう。

プログラミング言語には、Pythonを使います。Pythonは、言語構文がわかりやすく、短く効率的にプログラムを記述できるので、とても人気があります。

Pythonを学び始めたばかりの人でも本書の内容を理解できるように、本書の末尾にある補章では、1～9章で使われているPythonの構文、組み込み関数、標準モジュールなどを説明しています。必要に応じて参照してください。

アルゴリズムを知り、プログラムを作って答えが求められると、最高にハッピーな気持ちになるでしょう。身近な問題を解くことを楽しみながら、必修アルゴリズムをマスターしてください。

2022年10月吉日
矢沢 久雄

本書のサンプルプログラムについて

本書で使用するサンプルプログラム（掲載コード）は、サポートサイトからダウンロードできます。下記のサイトURLにアクセスし、本書のサポートページにてファイルをダウンロードしてください。また、訂正・補足情報もサポートページにてお知らせします。

サポートサイト（日経ソフトウエア別冊の専用サイト）
https://nkbp.jp/nsoft_books

※本書に記載の内容は、2022年9月時点のものです。その後のソフトウエアのバージョンアップなどにより、想定した動作をしない可能性があります。また、すべてのパソコンでの動作を保証するものではありません。
※掲載コードの著作権は、著者が所有しています。著者および日経BPの承諾なしに、コードを配布あるいは販売することはできません。
※いかなる場合であっても、著者および日経BPのいずれも、本書の内容とプログラムに起因する損害に関して、一切の責任を負いません。ご了承ください。

CONTENTS

はじめに …… iii
プログラミング環境の準備 …… viii
本書に登場する人物 …… xii

1章 あなたの100歳の誕生日は何曜日？ …… 1
万年カレンダーのアルゴリズム

「万年カレンダー」を作る準備 …… 4
「万年カレンダー」を完成させる …… 10
経過日数の求め方を改良する …… 13
卓上万年カレンダーを再現する …… 19

2章 選挙で過半数を取った人は誰？ …… 23
ボイヤーとムーアの過半数判定アルゴリズム

1票ずつ順番にカウントする …… 26
効率的に過半数を判定する …… 30
簡単に過半数を判定する …… 34
ゆっくりとカウントするプログラム …… 37

3章 これってメールアドレスとして合ってる？ …… 41
状態遷移図／状態遷移表

メールアドレスかどうかを判定するルール …… 44
メールアドレス判定処理の流れを図で表す …… 46
ステートマシン図からプログラムを作る …… 48
状態遷移表からプログラムを作る …… 54

4章 どうして エレベータが通過しちゃうの? ・・・・・・・・・・59
エレベータのアルゴリズム
シミュレーション用のアプリを作る……62
エレベータのアルゴリズム……70
ハードディスクのアルゴリズムと比べる……80
エレベータのアルゴリズムを変更する……83
5章 お釣りの硬貨の枚数を最小にする・・・・・・・・・・・・・・85
貪欲法/力まかせ法/動的計画法
大きい順に選ぶアルゴリズム……88
すべての組み合わせをチェックするアルゴリズム……90
大きな問題を小さな問題に分割するアルゴリズム……93
アルゴリズムの効率を比較する……105
6章 新宿から秋葉原までの最短経路は? ・・・・・・・・・・107
ダイクストラ法
最短経路を求める「ダイクストラ法」……110
シンプルな路線図の最短経路を求める……112
汎用的な問題を解くプログラムを作る……118
複雑な路線図の最短経路を求める……123
7章 電気自動車の消費する電力量が最小になる経路は? ・・・・・・・・・・・・・・・・・・127
ベルマン=フォード法
電気自動車の消費する電力量を経路図で表す……130
「ダイクストラ法」で最短経路を求められない理由……131
「ベルマン=フォード法」で最短経路を求める……133
プログラムを作って動作を確認する……142

8章 みんなが幸せになれる「安定マッチング」 ······· 147
ゲール=シャプレー・アルゴリズム

1対1のマッチングのパターンを考える ······ 150
安定したマッチングを求めるアルゴリズム ······ 155
満足度が高いマッチングをするには？ ······ 159
ズルい戦略に対処できるかを確認する ······ 161

9章 あなたは文系か理系か、それとも両方か？ ····· 165
k-means法／k-means++法／エルボー法

100人の学生を4つのグループに分ける方法 ······ 168
「k-means法」でクラスタリングをする ······ 170
「k-means++法」でクラスタリングする ······ 183
適切なクラスタ数を見つけるには？ ······ 191

補章 Python講座 ······ 195

あとがき ······ 224
索引 ······ 225

プログラミング環境の準備

本書のサンプルプログラムを実行するための環境を準備しましょう。Windowsパソコンを使っていることを前提として説明します。

① Pythonの環境構築

Pythonの環境を構築するために、「Anaconda」（アナコンダ）をインストールします。Anacondaは、Python本体に加えて、様々なライブラリやツールを同梱しているソフトウエアです。

本書の9章では、「Matplotlib」というグラフ描画のライブラリを使用します。Matplotlibは、Anacondaをインストールすると自動的にインストールされます。よって、Anacondaをインストールすれば、本書のサンプルプログラムの実行環境は構築できます。

Anacondaをインストールしましょう。以下の公式WebサイトのURLから、「Anaconda Distribution」のインストーラーをダウンロードします。Anaconda Distributionとは、Anacondaの無償版です[*1]。

Anaconda Distribution のダウンロードページ
https://www.anaconda.com/products/distribution

ダウンロードした「Anaconda3-2022.05-Windows-x86_64.exe」というファイル（本書の執筆時点のファイル名です）が、インストーラーです。

インストーラーを起動します。「Next」（次へ）のボタンを押し、設定を進めましょう。基本的にはデフォルトの設定のままでよいですが、「Advanced Options」という画面では、図1のように設定を変更します。

---

*1 Anacondaには有償版と無償版があります。無償版である「Anaconda Distribution」は、学術や趣味目的の場合に使うことができます。

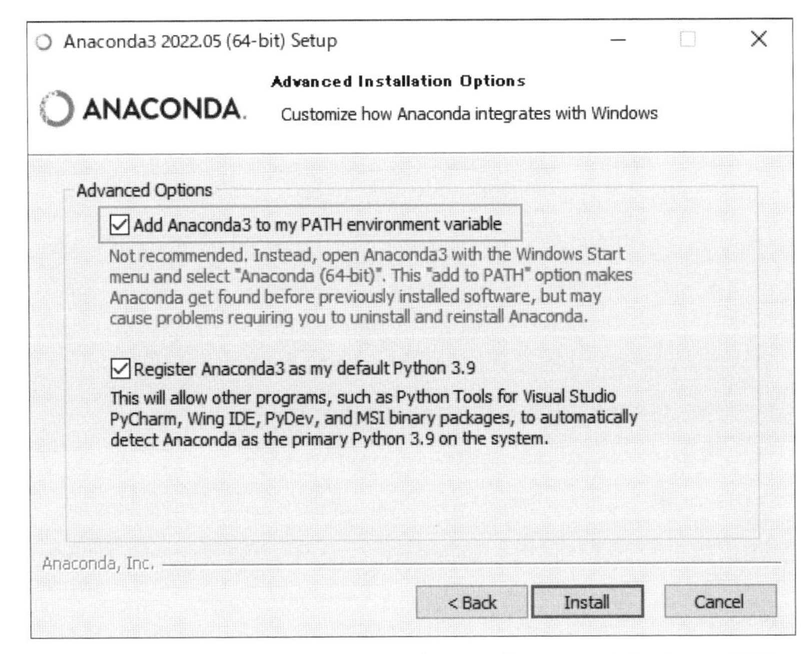

図1　Anacondaのインストールウィザードの「Advanced Options」画面

設定を変更するのは、「**Advanced Options**」という画面の「**Add Anaconda3 to my PATH environment variable**」という項目です。この項目にチェックを入れてください。これにより、自動で環境変数にパスを設定します。このように設定することで、Windows搭載の「コマンドプロンプト」を使って、パソコンの任意のフォルダーの中のプログラムを実行できるようになります。

画面の指示に従って作業を進めれば、Anacondaのインストールは完了します。

② サンプルプログラムのダウンロード

本書のサンプルプログラムは、サポートサイトからダウンロードできます。以下のサポートサイトにアクセスして本書のサポートページを探し、そのページからファイルをダウンロードしてください。

サポートサイト（日経ソフトウエア別冊の専用サイト）
https://nkbp.jp/nsoft_books

ダウンロードした「yzw.zip」というファイルを解凍してください。解凍したフォルダーの中に「NikkeiSW」というフォルダーが入っています。「NikkeiSW」フォルダーの中には、1～9章のサンプルプログラムが入っています。この「NikkeiSW」フォルダーを、WindowsのCドライブの直下に入れてください。

③ サンプルプログラムの実行

プログラムの実行には、コマンドプロンプトを使います。Windowsのスタートメニューから「コマンドプロンプト」を起動してください。起動した画面にコマンドを入力・実行していきます。

まず、**cd**コマンドを使って、Cドライブ直下のサンプルプログラムのあるフォルダー（C:¥NikkeiSW）に移動します。以下のコマンドを入力し、「Enter」キーを押してください。

```
cd C:¥NikkeiSW
```

次に、**pythonファイル名.py**というコマンドを使ってプログラムを実行します。試しに1章のサンプルプログラムである「sample1.py」を実行してみましょう。以下のコマンドを入力し、「Enter」キーを押してください。

```
python sample1.py
```

図2のように画面に実行結果が表示されれば、サンプルプログラムの実行は成功です[*2]。

図2　sample1.pyの実行結果

*2 実行結果がエラーになる場合は、Windowsの「環境変数」の「Path」にAnacondaへのパスが登録されているかを確認してください。登録されていなければ、Anacondaをインストールしたフォルダーのパス（C:¥Users¥<ユーザー名>¥Anaconda3）を追加します。

本書に登場する人物

1〜9章の「各章のポイント」には、以下の人物が登場します。祖母、父、母、兄、妹、猫の5人＋1匹の家族です。この家族の身の回りに、様々な問題が起こります。その問題をアルゴリズムで解いていきましょう。

祖母・壱子
（80歳）

父・次郎
（55歳）

母・三智代
（52歳）

兄・光四郎
（23歳・会社員）

妹・さつき
（18歳・高校生）

飼い猫・ムギ
（？歳）

1章

あなたの100歳の誕生日は何曜日？

1章のポイント①

「私の100歳の誕生日って、何曜日かな？」と聞かれても、すぐに答えるのは難しいでしょう。調べるのも計算するのも面倒です。

本章では、指定した年月のカレンダーを即座に表示する「万年カレンダー」を作り、その計算アルゴリズムを紹介します。これを使って、身近な人の「100歳の誕生日が何曜日になるか」を調べてみましょう！

本章の流れ

❶「万年カレンダー」を作る準備

指定した年月のカレンダーを表示する「万年カレンダー」を作ることが目標です。まずは、**「西暦1年1月1日」を基準日**と決めます。次に、**うるう年**を判定する仕組みを作り、その仕組みを使って、基準日の「曜日」を調べます。

❷「万年カレンダー」を完成させる

次に、「指定した年月の1日の曜日」を求める仕組みを作ります。ここでは、単純なアルゴリズムを使って、**基準日からの経過日数**を計算します。これで万年カレンダーは完成です。

❸経過日数の求め方を改良する

❷の**基準日からの経過日数**を計算するアルゴリズムは、あまり効率が良いとは言えません。**「フェアフィールド」の公式**を使い、効率的なアルゴリズムに改良します。

❹卓上万年カレンダーを再現する

最後は、応用例の紹介です。実際に机の上に置いて使うような卓上万年カレンダーを模したプログラムを作ります。

1章 あなたの100歳の誕生日は何曜日？

「人生100年時代」と言われています。もしも100歳まで生きられたら、盛大にお祝いしたいですね。友人・知人をたくさん招待できるように、100歳の誕生日が土曜日か日曜日ならいいですね。はたして、あなたの100歳の誕生日は、何曜日なのでしょうか？

それを調べるために、「万年カレンダー」のプログラムを作ってみます。このプログラムは、「西暦と月を指定すると、その月のカレンダーを表示する」というものです。例えば、図1-1のように、「year =」に「2061」を、「month =」に「5」を入力して実行します。すると、筆者が100歳になる西暦2061年5月のカレンダーを表示しました。

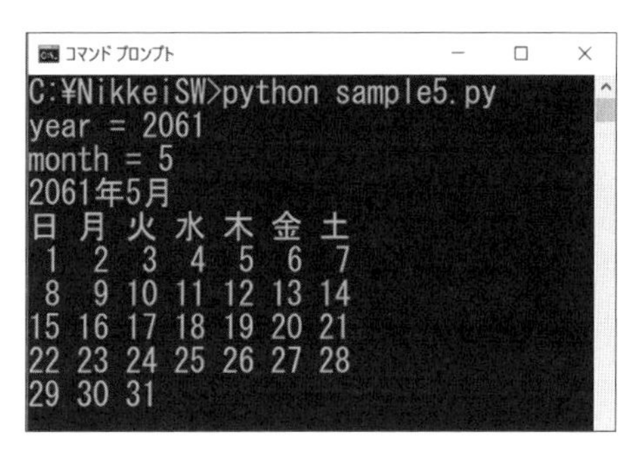

図1-1　「万年カレンダー」のプログラム

◎「万年カレンダー」を作る準備

万年カレンダーを作るために、まず、基準とする年月日の曜日を調べる必要があります。そして、その基準の年月日から指定した年月日の曜日を計算で求めていきます。

西暦1年1月1日を基準としたいところですが、はたして何曜日なのでしょう。また、それをアルゴリズムで求めるためには、うるう年を考慮しなければなりません。うるう年かどうかを判定するアルゴリズムについても、説明していきます。

▶「西暦1年1月1日」を基準日とする

まずは、暦の仕組みを確認しておきましょう。

現在、世界の多くの国々で採用されている暦は、「グレゴリオ暦」というものです。かつて、古代のローマでは、最高神祇官（じんぎかん）のガイウス・ユリウス・カエサルによって、紀元前45年1月1日から「ユリウス暦」が採用されていました。この暦は、1年を365日として、4年に1度のうるう年（2月の末日が29日であり、1年が366日となる年）を設けるというルールであり、あまり精度が高くありませんでした。ユリウス暦の1年は、

```
(365 * 4 + 1) / 4 = 365.25日
```

になります[*1]。しかし、正確な1年は、365.2422日です。誤差は、1年間に0.1872時間もあります。

その後、長い年月を経てから、ローマ教皇グレゴリウス13世がユリウス暦の改良を命じて、1582年10月15日からグレゴリオ暦が採用されました。これは、1年を365日として、400年に97回のうるう年を設けるというルールであり、精度が大きく向上しました。グレゴリオ暦の1年は、

```
(365 * 400 + 97) / 400 = 365.2425
```

になるからです。誤差は、1年間で0.0072時間しかありません。

日本では、明治5年にグレゴリオ暦が採用され、明治5年12月2日（これは「天保暦」と呼ばれる旧暦です）の翌日を、明治6年1月1日としました。これは、グレゴリオ暦による新暦の1873年1月1日に該当します。西洋では、ユリウス暦の1582年10月4日の翌日を、グレゴリオ暦の1582年10月15日と定めました。

したがって、グレゴリオ暦で「西暦1年1月1日は何曜日か？」と考えるのは、ナンセンスなのです。しかし、基準がないと困るので、これから作成する万年カレ

[*1] 本書では、本文中の計算式にPythonの演算子を使います。「*」は乗算（掛け算）で、「/」は除算（割り算）です。

ンダーは、現在からグレゴリオ暦で逆算して西暦1年1月1日の曜日を求め、それを基準とすることにします。

▶うるう年を判定するルール

現在から逆算して西暦1年1月1日の曜日を求めるには、うるう年に注意しなければなりません。グレゴリオ暦では、以下のルールでうるう年を設けています。

うるう年の判定ルール

(1) 原則として、西暦が4で割り切れる年は、うるう年である。
(2) ただし、原則として、西暦が100で割り切れる年は、うるう年ではない。
(3) ただし、西暦が400で割り切れる年は、絶対にうるう年である。

このルールで、どうして400年に97回のうるう年になるかわかりますか？

まず、西暦が4で割り切れる年をうるう年とすると、400年に100回のうるう年になります。次に、西暦が100で割り切れる年は、400年に4回あるので、それをうるう年でないとすることで、400年に100 − 4 = 96回のうるう年になります。さらに、西暦が400で割り切れる年は、400年に1回あるので、それをうるう年であるとすることで、400年に96 + 1 = 97回のうるう年になるのです。

このルールを使って、うるう年を判定するプログラムをPythonで作ってみましょう[*2]。

ここでは、引数に指定された西暦がうるう年かどうかを判定する関数を作ります。うるう年のことを英語でleap yearというので、leap_yearという関数名にします。プログラムを作るには、先ほど示したうるう年の判定ルールを、コンピュータに合った計算や条件の形に置き換える必要があります。「割り切れる」ことは、割り算の余りが0であることで判定でき、「割り切れない」ことは、割り算の余りが0でないことで判定できます。したがって、うるう年の判定ルールは「西暦が4で割り切れ、かつ、西暦が100で割り切れない、または、西暦が400で割り切れる」になります。

---

*2 Pythonのcalendarモジュールやdatetimeモジュールを使えば、カレンダーの表示、うるう年の判定、曜日の取得などが簡単にできますが、ここでは手作りします。

リスト1-1は、leap_year関数と、それを使うメインプログラムです。このプログラムを、sample1.pyというファイル名で作成してください。

リスト1-1　うるう年を判定するleap_year関数とメインプログラム（sample1.py）

```
# 引数で指定された西暦がうるう年かどうかを判定する関数
def leap_year(year):
    if year % 4 == 0 and year % 100 != 0 or year % 400 == 0:
        return True
    else:
        return False

# メインプログラム
if __name__ == '__main__':
    print(leap_year(2019))
    print(leap_year(2020))
    print(leap_year(2100))
    print(leap_year(2400))
```

leap_year関数の、

```
year % 4 == 0 and year % 100 != 0 or year % 400 == 0
```

が、うるう年を判定する条件である「西暦が4で割り切れ、かつ、西暦が100で割り切れない、または、西暦が400で割り切れる」を表しています[*3]。「かつ」を意味するandの方が、「または」を意味するorより優先順位が高いので条件をカッコで囲んでいませんが、わかりにくいなら、

```
(year % 4 == 0 and year % 100 != 0) or (year % 400 == 0)
```

としても構いません。メインプログラムでは、西暦2019年、2020年、2100年、2400年がうるう年かどうかを判定しています。

プログラムの実行結果を図1-2に示します。

[*3] この条件式で使われている「%」は、整数の除算の余りを求めるPythonの演算子です。

```
コマンド プロンプト
C:¥NikkeiSW>python sample1.py
False
True
False
True
```

図1-2　リスト1-1のプログラム（sample1.py）の実行結果

2019年、2020年、2100年、2400年がうるう年かどうかを判定した結果、図1-2では上からFalse、True、False、Trueと表示されています。2019年は、4で割り切れないので、うるう年ではありません。2020年は、4で割り切れ、かつ、100で割り切れないので、うるう年です。2100年は、4で割り切れますが、100でも割り切れるので、うるう年ではありません。2400年は、400で割り切れるので、うるう年です。どれも正しく判定されています。

▶「西暦1年1月1日」は何曜日？

うるう年を判定するleap_year関数ができたので、万年カレンダーの基準とする西暦1年1月1日が何曜日なのかを求めてみましょう。リスト1-2は、「西暦1年1月1日」から「2019年12月31日」までの日数を求めるプログラムです。これをsample2.pyというファイル名で作成してください。

リスト1-2　「西暦1年1月1日」から「2019年12月31日」までの日数を求めるプログラム（sample2.py）

```
# 引数で指定された西暦がうるう年かどうかを判定する関数
def leap_year(year):
    if year % 4 == 0 and year % 100 != 0 or year % 400 == 0:
        return True
    else:
        return False

# メインプログラム
if __name__ == '__main__':
    days = 0
    for year in range(1, 2020):
        if (leap_year(year)):
            days += 366
        else:
```

次ページに続く

```
        days += 365
print(days)
print(days % 7)
```

for year in range(1, 2020)という繰り返しで、yearに1から2019までの西暦が格納されます。先ほど作成したleap_year関数を使って、yearがうるう年なら日数を集計するdaysに366を加え、そうでないなら365を加えます。最後に、daysとdaysを7（1週間の日数）で割った余りを表示します。

プログラムの実行結果を図1-3に示します。

図1-3　リスト1-2のプログラム（sample2.py）の実行結果

手元にある紙製のカレンダーを見ると、2020年の1月1日は、水曜日です。プログラムの実行結果を見ると、西暦1年1月1日から2019年1月1日までの日数は、737424であり、それを7で割った余りは、2です。したがって、図1-4に示すように、西暦1年1月1日は、水曜日から前に2日ずれた「月曜日」だとわかります。

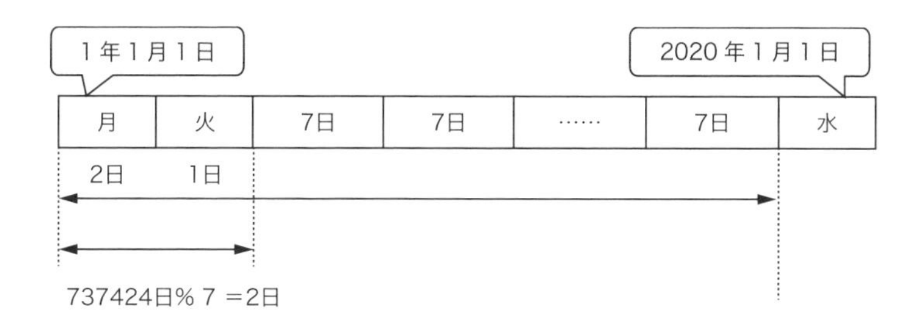

図1-4　西暦1年1月1日は月曜日である

◎「万年カレンダー」を完成させる

うるう年を判定するleap_year関数ができて、基準とする西暦1年1月1日が月曜日だとわかりました。万年カレンダーを作るために次に必要となるのは、指定された年月の「1日が何曜日か」を求めることです。

▶指定された年月の「1日」は何曜日？

「指定された年月の1日の曜日」を求める機能をday_of_weekという名前の関数として作ってみましょう。day of the weekは、「曜日」という意味です。

リスト1-3は、これまでに作成したleap_year関数、新たに作成したday_of_week関数、およびday_of_week関数を使うメインプログラムです。このプログラムをsample3.pyというファイル名で作成してください。

リスト1-3　指定された年月の「1日が何曜日か」を求めるプログラム（sample3.py）

```
# 引数で指定された西暦がうるう年かどうかを判定する関数
def leap_year(year):
    if year % 4 == 0 and year % 100 != 0 or year % 400 == 0:
        return True
    else:
        return False

# 引数で指定された年月の1日が何曜日かを返す関数
def day_of_week(year, month):
    # 1月～12月の月の日数
    days_of_month = [0, 31, 28, 31, 30, 31, 30, 31, 31, 30, 31, ↩
30, 31]

    # うるう年の場合は、2月の日数を29日にする
    if leap_year(year):
        days_of_month[2] = 29

    # 日に1日を設定する
    day = 1

    # 西暦1年1月1日(月曜日)からの日数を得る
    days = 0

    # 年の日数を集計する
```

次ページに続く

```
    for y in range(1, year):
        if (leap_year(y)):
            days += 366
        else:
            days += 365

    # 月の日数を集計する
    for m in range(1, month):
        days += days_of_month[m]

    # 日を集計する
    days += day

    # 日曜日～土曜日を0～6で返す
    return days % 7

# メインプログラム
if __name__ == '__main__':
    # 曜日
    day_of_week_name = ['日', '月', '火', '水', '木', '金', '土']

    # 年月をキー入力する
    year = int(input('year = '))
    month = int(input('month = '))

    # 1日の曜日を表示する
    print(day_of_week_name[day_of_week(year, month)] + '曜日')
```

day_of_week関数では、西暦1年1月1日（月曜日）からの日数をdaysに得る処理を、「年の日数の集計」「月の日数の集計」「日の集計（1日なので1を足しています)」に分けて行っています。最後にある、return days % 7で、指定された年月の1日の曜日を、日曜日～土曜日を表す0～6の数値で返しています。基準となる西暦1年1月1日が月曜日なので、7で割った余りの0～6が、そのまま日曜日～土曜日に対応します。

メインプログラムでは、任意の年月をキー入力し、それらを引数としてday_of_week関数を呼び出し、その戻り値を「日曜日」～「土曜日」という文字列で表示しています。

プログラムの実行結果の例を図1-5に示します。

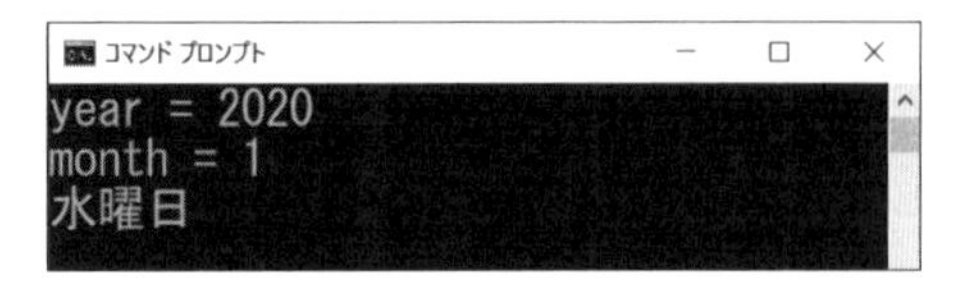

図1-5　リスト1-3のプログラム（sample3.py）の実行結果

「year =」に2020を、「month =」に1を入力すると、図1-5のように、「水曜日」という結果が表示されました。

▶万年カレンダーのプログラムを実行する

これで、万年カレンダーを作るための準備ができました。指定された年月の1日が何曜日かを求めて、その日から始まるカレンダーを表示すればよいからです。先ほどリスト1-3に示したプログラムのメインプログラムを、リスト1-4に示した内容に書き換えれば、万年カレンダーが完成します。このプログラムをsample4.pyというファイル名で作成してください。

リスト1-4　リスト1-3のメインプログラムを書き換えて
万年カレンダーにする（sample4.py）

```
# メインプログラム
if __name__ == '__main__':
    # 1月～12月の月の日数
    days_of_month = [0, 31, 28, 31, 30, 31, 30, 31, 31, 30, 31,
30, 31]

    # 年月をキー入力する
    year = int(input('year = '))
    month = int(input('month = '))

    # うるう年の場合は、2月の日数を29日にする
    if leap_year(year):
        days_of_month[2] = 29

    # 1日の曜日を取得する
    first_day = day_of_week(year, month)

    # 年月と曜日を表示する
    print(str(year) + '年' + str(month) + '月')
    print("日 月 火 水 木 金 土")
```

次ページに続く

```
# 1日の前に空白(1日あたり3文字)を表示する
print(' ' * first_day * 3, end = '')

# 日を表示する
for day in (range(1, 1 + days_of_month[month])):
    # 2文字右詰+空白1文字=3文字で表示する
    print(format(day, '>2') + ' ', end = '')

    # 土曜日を表示したら改行する
    if (day + first_day - 1) % 7 == 6:
        print()

# 最後にもう1度改行する
print()
```

プログラムを実行すると、図1-6の実行結果が表示されます。

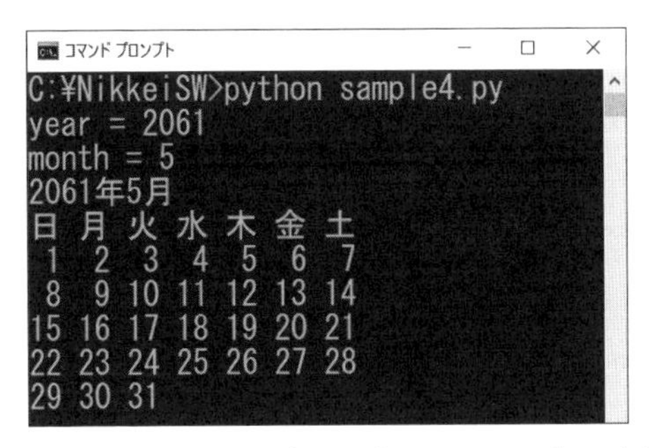

図1-6　万年カレンダーのプログラム（sample4.py）の実行結果の例

◎ 経過日数の求め方を改良する

万年カレンダーは完成しましたが、ここで終わりにしたら、あまり楽しくありません。アルゴリズムの醍醐味は、一度考えたアルゴリズムを改良して、より効率的にすることにあるからです。現状のday_of_week関数（引数で指定された年月の1日が何曜日かを返す関数）は、西暦1年1月1日からの経過日数を、繰り返し処理で集計して求めています。これを1つの計算式で求めるように改良してみましょう。

▶１つの計算式で経過日数を求める

経過日数を求める年月日を、year、month、dayとすると、経過日数は、以下のように「yearの1年前の末日までの日数」「monthの1カ月前の末日までの日数」「dayの日数」の3つを足す計算式で求められます。

```
西暦1年1月1日からの経過日数 =
yearの1年前の末日までの日数 + monthの1カ月前の末日までの日数 + dayの日数
```

「yearの1年前の末日までの日数」と「monthの1カ月前の末日までの日数」を求める計算式を考えてみましょう。「dayの日数」は、dayの値を足すだけなので考える必要はありません。

まず、「yearの1年前の末日までの日数」は、うるう年を考慮しなければ、365 * (year – 1)なので、それにうるう年の回数分の日数を足せば求められます。

year // 4を足せば[*4]、「原則として、西暦が4で割り切れる年は、うるう年である」の日数を足せます。

year // 100を引けば、「ただし、原則として、西暦が100で割り切れる年は、うるう年ではない」の日数を引けます。

year // 400を足せば、「ただし、西暦が400で割り切れる年は、絶対にうるう年である」を足せます。

したがって、「yearの1年前の末日までの日数」は、以下の計算式で求められます。

```
yearの1年前の末日までの日数 =
365 * (year−1)+year // 4−year // 100+year // 400
```

次に、「monthの1カ月前の末日までの日数」を求める計算式を得るには、かなり工夫が必要になります。結果を先に示すと、以下の計算式になります。

```
monthの1カ月前の末日までの日数 =
31 + 28 + (306 * (month−3) + 4) // 10
```

[*4] 「//」は、除算を行い、小数点以下をカットするPythonの演算子です。

この計算式を得るまでの手順を説明しましょう。うるう年を考慮しない場合、1月〜12月の各月の日数は、31日、28日、31日、30日、31日、30日、31日、31日、30日、31日、30日、31日です。30日と31日が並びますが、2月の28日だけが異なる日数になっています。そこで、1年の開始を3月として、1月と2月を前年の13月と14月として計算することにします。3月〜14月の各月の日数は、31日、30日、31日、30日、31日、31日、30日、31日、30日、31日、31日、28日です。これなら、30日と31日だけの計算で済みます。なぜなら、末尾の14月（2月）の日数は、dayで与えられるので、30日と31日だけの計算結果に後から足すことになるからです。

図1-7は、30日と31日だけの計算で、3月を起点とした経過日数を求める手順を示したものです。

月	1つ前の月末までの経過日数	306 / 10 = 30.6日ずつ増えるとした場合の経過日数	さらに0.4を足した場合の経過日数
3	0	0 ○	0.4 ○
4	0 + 31 = 31	30.6 ×	31.0 ○
5	31 + 30 =61	61.2 ○	61.6 ○
6	61 + 31 = 92	91.8 ×	92.2 ○
7	92 + 30 = 122	122.4 ○	122.8 ○
8	122 + 31 = 153	153.0 ○	153.4 ○
9	153 + 31 = 184	183.6 ×	184.0 ○
10	184 + 30 = 214	214.2 ○	214.6 ○
11	214 + 31 = 245	244.8 ×	245.2 ○
12	245 + 30 = 275	275.4 ○	275.8 ○
13	275 + 31 = 306	306.0 ○	306.4 ○
14	306 + 31 = 337	336.6 ×	337.0 ○

図1-7　3月を起点とした経過日数を求める手順

図1-7の左端列の「月」は、経過日数を求める月です。計算式では、指定された年月日までの経過日数を求めるのですから、指定された月の1つ前の月末までは経過しています。その経過日数を、図1-7の左から2列目の「1つ前の月末までの経過日数」に示しています。これは、手作業でコツコツと計算した正しい経過日数です。

ここからが工夫のポイントです。図1-7の左から2列目を見ると、13月の「1つ前の月末までの経過日数」は、306日になっています。つまり、3月から12月末までの10カ月間の経過日数が、306日ということです。10カ月で306日が経過するのですから、平均すると1カ月あたり306 / 10 = 30.6日です。図1-7の左から3列目の「306 / 10 = 30.6日ずつ増えるとした場合の経過日数」は、1カ月あたり30.6日が経過するとした場合の経過日数です。これらを見ると、小数点以下をカットすれば、正しい経過日数になる月（○印を付けています）と、正しい経過日数にならない月（×印を付けています）があることがわかります。

これらの経過日数に、さらに何らかの値を加えて小数点以下をカットすれば、すべての月の経過日数を正しい値にできそうです。どのような値を足せばよいでしょうか？

正しい値より大きくなっている経過日数のうち、最もズレが大きいのは7月の122.4と12月の275.4です。正しい値より0.4大きくなっています。正しい値より小さくなっている経過日数のうち、最もズレが大きいのは4月の30.6と9月の183.6と14月の336.6です。正しい値より0.4小さくなっています。この122.4と275.4を桁上がりさせずに30.6と183.6と336.6を桁上がりさせればよいのですから、0.4または0.5を足せばよいことがわかります。ここでは、0.4を足すことにして、その結果を図1-7の右端列に示します。小数点以下をカットすれば、すべての月の経過日数が正しい値（○印を付けています）になります。

以上のことから、3月を起点とした経過日数は、30.6 * (month - 3) + 0.4の小数点以下をカットすることで得られます。monthから3を引いているのは、3月を起点とするからです。小数点以下のカットは、式を変形して(306 * (month - 3) + 4) // 10とすれば示せます。さらに、この計算式で1月を起点にするには、西暦0年の13月の日数の31日と14月の日数の28日（西暦0年はうるう年ではありません）を足します。これによって、先ほど示した「monthの1カ月前の末日までの日数」を求める計算式になります。

これで、すべての計算式が出そろいました。以下が、西暦1年1月1日からyear年、month月、day日までの経過日数を求める計算式です。

```
西暦1年1月1日からの経過日数 =
365 * (year－1)＋year // 4－year // 100＋year // 400
＋31＋28＋ (306 * (month－3) ＋4) // 10
＋day
```

ここではわかりやすいように、「yearの1年前の末日までの日数」「＋monthの1カ月前の末日までの日数」「＋dayの日数」を改行して示しています。

▶フェアフィールドの公式

実は、先ほど示した「西暦1年1月1日からの経過日数」を求める計算式は、筆者が独自に導き出したものではありません。「フェアフィールドの公式」として、すでに知られているものです。この公式を使って万年カレンダーを作りましょう。

```
フェアフィールドの公式
西暦1年1月1日からの経過日数 =
365 * (year－1)＋year // 4－year // 100＋year // 400
＋31＋28＋ (306 * (month＋1)) // 10－122
＋day
```

前節で示した計算式の(306 * (month － 3) + 4) // 10の部分が、フェアフィールドの公式では(306 * (month + 1)) // 10 － 122になっていますが、式を変形すれば両者は同じになります。図1-8に、式を変形する手順を示します。

```
  (306 * (month - 3) + 4) // 10
= (306 * (month - 3) + 4) // 10 + 122 - 122
= (306 * (month - 3) + 4) // 10 + 1220 // 10 - 122
= (306 * (month - 3) + 4 + 1220) // 10 - 122
= (306 * (month - 3) + 1224) // 10 - 122
= (306 * (month - 3) + 306 * 4) // 10 - 122
= (306 * (month - 3 + 4)) // 10 - 122
= (306 * (month + 1)) // 10 - 122
```

図1-8　式を変形する手順

筆者が示した計算式から＋4をなくすように変形しています。122は、306でくくるためのものです。10倍して4を足すと306の倍数になる整数が必要だったので、10 * n + 4 = 306 * mという式を満たすnとして求めました（nとmは整数です）。n = (306 * m - 4) / 10なので、mの値を1、2、3、4、……としていくと、m = 4のときにn = 122という整数が得られます。

▶フェアフィールドの公式を使ったday_of_week関数

それでは、プログラムを作ってみましょう。リスト1-5は、万年カレンダーのday_of_week関数を、フェアフィールドの公式を使って書き換えたものです。

リスト1-5　リスト1-4を反映したリスト1-3のday_of_week関数を、フェアフィールドの公式を使って書き換える（sample5.py）

```
# 引数で指定された年月の1日が何曜日かを返す関数
def day_of_week(year, month):
    # 1月と2月は、前年の13月と14月にする
    if month == 1 or month == 2:
        year -= 1
        month += 12

    # 日に1日を設定する
    day = 1
```

次ページに続く

```
# フェアフィールドの公式で経過日数を求める
days = 31 + 28 + 365 * (year - 1) ¥
+ year // 4 - year // 100 + year // 400 ¥
+ (306 * (month + 1) // 10) - 122 + day

# 日曜日～土曜日を0～6で返す
return days % 7
```

yearが1月または2月（3月未満）の場合は、yearから1を引いて前年にして、monthに12を足して13月および14月にしています。1日の曜日を求めるので、dayに1を設定して、フェアフィールドの公式で西暦1年1月1日からの経過日数をdaysに求め、days % 7で、日曜日～土曜日を0～6で得ています。day_of_week関数以外は、変更不要です。このプログラムをsample5.pyというファイル名で作成してください。実行結果は、これまでの万年カレンダーと同じなので省略します。

◎ 卓上万年カレンダーを再現する

最後に、遊び心で、ちょっと変わったプログラムを作ってみましょう。通販サイトで調べたところ、コンピュータのプログラムではなく、机の上に置ける卓上万年カレンダーがあることがわかりました。例えば、図1-9は、高桑金属の「アクリル万年カレンダー 801923」です。

写真出所：https://www.amazon.co.jp/dp/B01D2VG836

図1-9　卓上万年カレンダーの例（高桑金属のアクリル万年カレンダー 801923）

日付が印刷された板の上で、曜日が印刷された板をスライドさせることで、任意の年月のカレンダーになります。うるう年、大の月、小の月には対応しておらず、すべての年月の末日が31日になってしまいますが、これはこれで面白いものです。この万年カレンダーを模したプログラムを作ってみましょう。

▶卓上万年カレンダーのプログラム

リスト1-6は、卓上万年カレンダーのプログラムです。これをsample6.pyというファイル名で作成してください。

リスト1-6　卓上万年カレンダーのプログラム（sample6.py）

```
# 曜日が書かれた板
day_of_week_board = '日 月 火 水 木 金 土 '

# 日付が書かれた板
days_board = ¥
'★ ★ ★ ★ ★ ★  1  2  3  4  5  6  7 ¥n' +¥
' 2  3  4  5  6  7  8  9 10 11 12 13 14 ¥n' +¥
' 9 10 11 12 13 14 15 16 17 18 19 20 21 ¥n' +¥
'16 17 18 19 20 21 22 23 24 25 26 27 28 ¥n' +¥
'23 24 25 26 27 28 29 30 31 ★ ★ ★ ★ ¥n' +¥
'30 31 ★ ★ ★ ★ ★ ★ ★ ★ ★ ★ ★ ¥n'

# 年月をキー入力する
year = int(input('year = '))
month = int(input('month = '))

# 1月と2月は、前年の13月と14月にする
if month == 1 or month == 2:
    year -= 1
    month += 12

# フェアフィールドの公式で経過日数を求める
day = 1
days = 31 + 28 + 365 * (year - 1) ¥
+ year // 4 - year // 100 + year // 400 ¥
+ (306 * (month + 1) // 10) - 122 + day

# 日曜日～土曜日を0～6で得る
day_of_week = days % 7
```

次ページに続く

```
# 曜日が書かれた板をスライドさせて表示する
print(' ' * 3 * (6 - day_of_week) + day_of_week_board)

# 日付が書かれた板をそのまま表示する
print(days_board)
```

ここでは、処理を関数に分けずに、まとめて記述しています。曜日が書かれた板と、日付が書かれた板は、それぞれ固定的な文字列としています。指定された年月の1日までの経過日数をフェアフィールドの公式で求めて、さらに1日の曜日を求めています。そして、' ' * 3 * (6 – day_of_week)で曜日の分だけスライドさせて（1日あたりスペース3文字ずらして）、曜日が書かれた板を表示してから、その下に日付が書かれた板をそのまま表示しています。プログラムの実行結果の例を図1-10に示します。

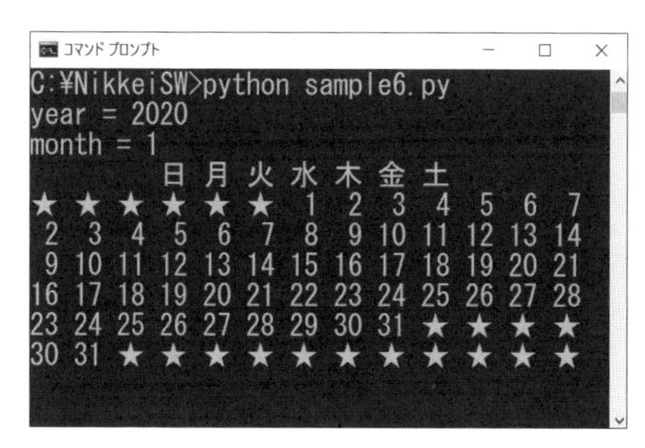

図1-10　リスト1-6のプログラム（sample6.py）実行結果の例

2020年1月のカレンダーを表示しています。卓上万年カレンダーを、できるだけ忠実にプログラムで再現したつもりですが、いかがでしょう。この卓上万年カレンダーの仕組みも、身近なアルゴリズムの1つです。

2章

選挙で過半数を取った人は誰？

2章のポイント！

あなたは学生で、生徒会長を決める選挙の開票係になったとします。「山田さんに1票、佐藤さんに1票……」と1票ずつ数えるのは大変な作業です。

でも、全部の票を数えなくても過半数を取った人さえわかれば、その人が当選者ですよね？

本章では、過半数を超えたかどうかを判定する様々なアルゴリズムを紹介します。

本章の流れ

❶1票ずつ順番にカウントする

まず、1票ずつカウントして過半数を超えたかを判定する、シンプルなアルゴリズムを紹介します。シンプルですが、効率的ではありません。そこで、効率の良いアルゴリズムに改良していきます。

❷効率的に過半数を判定する

より効率的に過半数超えを判定する「**ボイヤーとムーアのアルゴリズム**」を紹介します。「投票する人の名前が書かれたプラカード」を使った例で解説する、身近なアルゴリズムです。

❸簡単に過半数を判定する

過半数超えを判定するプログラムは、Pythonの「**リスト**」という機能を使えば、もっと簡単に作成できます。その仕組みを解説します。

❹ゆっくりとカウントするプログラム

最後に、あえてゆっくりと黒板に「正」の字を書くように、1秒に1票ずつカウントするプログラムを作ってみます。Pythonの「**辞書**」という機能を使います。

2章 選挙で過半数を取った人は誰？

学生時代を思い出して、こんな場面を想定してみましょう。あなたは、生徒会長選挙の票を数える選挙管理委員になりました。票の過半数を取った人が当選です。あなたは、当選者を判定するプログラムの作成を依頼されました。効率的に当選者を判定するアルゴリズムを考えてみましょう。

◎ 1票ずつ順番にカウントする

生徒会長の候補者は、「山田太郎」「鈴木花子」「佐藤三郎」の３人です。投票用紙に書かれた候補者の名前は、以下のように「vote」という配列に格納されているとします（voteは「投票」という意味です）。票の総数は12票です。ここでは、アルゴリズムの解説をわかりやすくするために、少ない票数にしています。

```
vote = [
"山田太郎", "鈴木花子", "佐藤三郎", "鈴木花子",
"鈴木花子", "佐藤三郎", "鈴木花子", "佐藤三郎",
"鈴木花子", "鈴木花子", "山田太郎", "鈴木花子",
]
```

図2-1の上に、配列voteのイメージを示します。配列voteには、[0]から[11]までの番号（添字）が割り当てられた12個の要素があります。各要素の中には、「山田太郎」「鈴木花子」などの名前が格納されています。

この名前を数えて、過半数を取った人を判定するプログラムを作ります。実際には、12票程度であれば、手作業で投票用紙を数えた方が早いかもしれません。ここでは、アルゴリズムを理解することが目的なので、このまま読み進めてください。

普通に考えれば、「配列の先頭から要素を1つずつ取り出し、さらに残りの要素を1つずつ取り出して、同じ内容（名前）なら得票数をカウントアップする」「カウントアップした際に、過半数になれば当選者である」というアルゴリズムを思いつくでしょう[*1]。図2-1の下に、具体的な手順を示します。

配列voteのイメージ

	[0]	[1]	[2]	[3]
vote	山田太郎	鈴木花子	佐藤三郎	鈴木花子
	[4]	[5]	[6]	[7]
	鈴木花子	佐藤三郎	鈴木花子	佐藤三郎
	[8]	[9]	[10]	[11]
	鈴木花子	鈴木花子	山田太郎	鈴木花子

得票数を数えて過半数を判定する手順

外側のループ

1. 先頭の [0] の「山田太郎」を取り出してカウント 1

内側のループ

未集計の票を順番に取り出してカウントし、過半数になれば当選者

(1) [1] の「鈴木花子」を取り出し、「山田太郎」と同じならカウント 1
(2) [2] の「佐藤三郎」を取り出し、「山田太郎」と同じならカウント 1
⋮
(11) [11] の「鈴木花子」を取り出し、「山田太郎」と同じならカウント 1

2. 先頭から 2 番目の [1] の「鈴木花子」を取り出してカウント 1

内側のループ

未集計の票を順番に取り出してカウントし、過半数になれば当選者

(1) [2] の「佐藤三郎」を取り出し、「鈴木花子」と同じならカウント 1
(2) [3] の「鈴木花子」を取り出し、「鈴木花子」と同じならカウント 1
⋮
(9) [11] の「鈴木花子」を取り出し、「鈴木花子」と同じならカウント 1

3. 先頭から 3 番目の [2] の「佐藤三郎」を取り出してカウント 1

内側のループ

未集計の票を順番に取り出してカウントし、過半数になれば当選者

(1) [5] の「佐藤三郎」を取り出し、「佐藤三郎」と同じならカウント 1
(2) [7] の「佐藤三郎」を取り出し、「佐藤三郎」と同じならカウント 1

図2-1　配列voteの先頭から要素を1つずつ取り出してカウントし、過半数を判定するアルゴリズム

*1 Pythonに詳しい人なら「こんなこと、Pythonのリストが持つ機能を使えば簡単だ！」と思われるかもしれません。Pythonのリストの機能を使ったプログラムは、本章の後半で紹介します。ここではPythonのリストを単なる配列（データの入れ物）として、アルゴリズムを考えます。

▶多重ループのプログラム

リスト2-1は、先ほど考えたアルゴリズムをプログラムにしたものです。majority1.py（majorityは「過半数」という意味です）というファイル名で作成してください。

リスト2-1　多重ループで過半数を取った人を判定するプログラム（majority1.py）

```
# 投票
vote = [
"山田太郎", "鈴木花子", "佐藤三郎", "鈴木花子",
"鈴木花子", "佐藤三郎", "鈴木花子", "佐藤三郎",
"鈴木花子", "鈴木花子", "山田太郎", "鈴木花子"
]

# 投票数
n = len(vote)

# 半数を得る
half = n // 2

# 当選者を空文字列で初期化する
winner = ""

# 票を取り出す繰り返し処理
for i in range(0, n):
    # すでに集計済みの票なら次の票に進む
    if vote[i] == "":
        continue;

    # 現時点の候補者の得票数に1を設定する
    count = 1

    # 現時点の候補者の得票数を数える繰り返し処理
    for j in range(i + 1, n):
        # 取り出した票が現時点の候補者と同じ場合
        if vote[j] == vote[i]:
            # 得票数に1を加える
            count += 1
            # 空文字列を代入して集計済みである印を付ける
            vote[j] = ""
            # 過半数が確定した時点で繰り返し処理を終了する
            if count > half:
```

次ページに続く

```
                winner = vote[i]
                break

        # 過半数が確定していれば繰り返し処理を終了する
        if winner != "":
            break

# 結果を表示する
if winner != "":
    print(winner + "が過半数を取りました。")
else:
    print("過半数を取った人はいません。")
```

このプログラムの内容を詳しく見る必要はありません。for文の繰り返しの中にfor文の繰り返しがあり、多重ループになっていることに注目してください。これは、図2-1に示した「外側のループ」と「内側のループ」で、多重になっていることを意味しています。

実行結果を図2-2に示します。

図2-2　リスト2-1のプログラム（majority1.py）の実行結果

「鈴木花子」が過半数を取ったと判断されているので、このプログラムは正しく動作しています。

では、リスト2-1のプログラムは効率的でしょうか。実は、このプログラムは効率的とは言えません。その理由は次の通りです。

アルゴリズムの処理効率を評価する指標には、「計算量」というものがあります。これは、N個のデータに対して、どの程度の処理回数が必要になるかをNを使った式で示したものです。多重ループの計算量は、N回の繰り返しの中にN回の繰り返しがあるので、Nの2乗になります。Nの2乗は効率が良いアルゴリズムとは言えません。Nの値が大きくなると、処理回数が膨大になるからです。したがって、リスト2-1のプログラムは効率的ではないのです。

◎効率的に過半数を判定する

ここからが、本章の注目ポイントです。米国のコンピュータ科学者であるボイヤー（Robert S. Boyer）とムーア（J Strother Moore）は、1981年に発表した「MJRTY - A FAST MAJORITY VOTE ALGORITHM」というレポートで、効率的に過半数を判定するアルゴリズムを記しています。

このボイヤーとムーアの過半数判定アルゴリズムでは、単純な繰り返し（多重ループでない繰り返し）を2回行うだけなので、計算量は2Nになります。例えば、Nを1万と想定すると、Nの2乗は1億であるのに対して2Nは2万ですから、Nの2乗と比べて2Nがいかに効率的であるかがわかるでしょう。

▶ボイヤーとムーアのレポート

ボイヤーとムーアのレポートは、米国テキサス大学のWebページで閲覧できます*2。これを見ると、アルゴリズムの説明方法がとても身近でイメージしやすく、そして、とても奇抜であると感じるでしょう。以下にレポートの概要を示します。原文では何の選挙であるかが示されていませんが、ここでは、レポートの内容を生徒会長選挙に置き換えて大幅な加筆と変更をしています（原文には、プラカードを持って殴り合う、という過激な表現があるためです）。

選挙管理委員であるあなたは、こんなことを想像しました。

学校の体育館に全生徒が集まり、それぞれ自分が投票する人の名前が書かれたプラカードを掲げています。あなたの提案で全生徒がランダムにペアを作り、もしも異なる名前のプラカードを持っている生徒同士の場合は、お互いに負けとして床に伏せる、というゲームを始めました。このゲームは、同じ名前が書かれたプラカードを持った生徒だけが残るまで続きました。もしも過半数を取った人がいるなら、床に伏せずに残っている生徒が持っているプラカードに書かれた名前の人のはずです。そこであなたは、床に伏せている生徒の分も含

*2 ボイヤーとムーアのレポートは、https://www.cs.utexas.edu/ftp/techreports/tr81-32.pdf で閲覧できます。

め、その人のプラカードを数えました。この数が全生徒の過半数を超えていればその人が当選者であり、そうでなければ当選者はいません（図 2-3）。

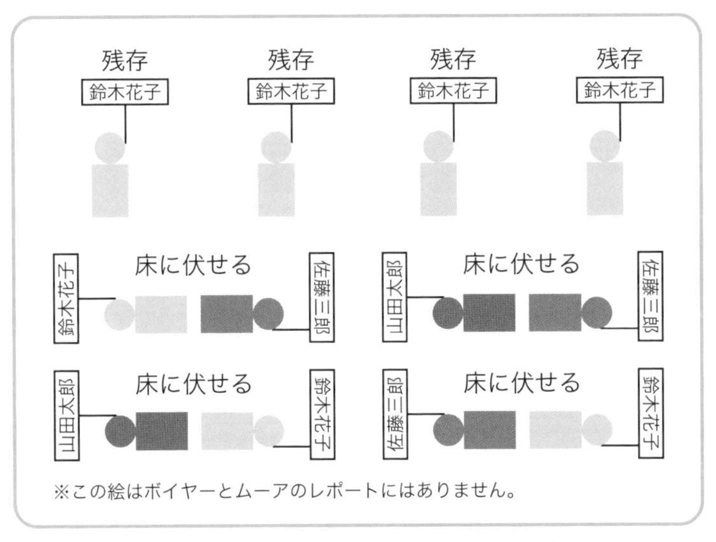

図 2-3　ゲームが終わったときのイメージ

いかがでしょうか。異なる名前のプラカードを持っている人同士がペアの場合は床に伏せるというルールだけでは、勝ち残った人が必ずしも過半数を取った人だとは言えません。しかし、過半数を取っている候補者であれば、仮にすべてのペアの片方がその候補者の名前だったとしても必ず勝ち残れるため、「過半数を取った人がいるならゲームで勝ち残るはずだ」という考えには、「その通りだ！」と納得していただけるでしょう。

このアルゴリズムは、2つの段階から構成されています。1つ目は、ペアを作ることが行われ、同じ名前が書かれたプラカードを持った生徒だけが残るまでの段階であり、これを「ペアリング」と呼ぶことにしましょう。2つ目は、残った生徒のプラカードに書かれた名前を数える段階であり、これを「カウンティング」と呼ぶことにしましょう。レポートは、次のように続きます。

選挙管理委員であるあなたは、生徒に実際にゲームをさせることなく、ペアリングとカウンティングの段階を実現する方法を考えました。ここでは、後でプログラムに置き換えやすいように、変数という言葉を使って説明しましょう。

まず、ペアリングです。体育館にいる全生徒を1人ずつ順番にチェックし、その生徒が持っているプラカードに書かれた名前をチェックすることを繰り返します。この繰り返しにおいて、現時点の当選の候補者を変数candidate（candidateは「候補者」という意味です）に記録し、その人の支持者の残存数を変数survivor（初期値は0、survivorは「残存者」という意味です）に記録します。1人の生徒をチェックするとき、状況に応じて、以下の（1）～（3）のいずれかの処理を行います。

(1)：もし変数survivorの値が0なら、現時点の当選の候補者がいないので、変数candidateにその生徒が持っているプラカードの名前を記録し、変数survivorの値を1にします。

(2)：そうではなく、もし変数candidateとその生徒が持っているプラカードの名前が同じなら、変数survivorの値に1を加えます。残存数を増やすのです。

(3)：(1)と(2)のどちらでもないなら、現時点の当選の候補者とその生徒が持っているプラカードの名前が異なるので、ペアを作って床に伏せることの代わりに、変数survivorの値から1を引きます。残存数を減らすのです。

すべての生徒をチェックする繰り返しが終わったときに、変数survivorの値が0でないなら、変数candidateに記録されている名前が、ゲームで残った人たちが持っているプラカードの名前に相当します。

次に、カウンティングです。変数survivorが0でない場合は、もう一度、最初からすべての生徒を1人ずつ順番にチェックし、その生徒が持っているプラカードの名前をチェックすることを繰り返します。この繰り返しでは、変数candidateと同じ名前が書かれたプラカードの数を変数count（初期値は0）に集計します。すべての生徒をチェックする繰り返しが終わったとき、countの値が全生徒数の2分の1より大きければ、変数candidateに記録されている名前が過半数を取って当選であり、そうでなければ当選者はいません。

▶単純なループ2回のプログラム

ボイヤーとムーアの過半数判定アルゴリズムをプログラムにしてみましょう。両氏のレポートには、FORTRAN（1950年代から使われている科学技術計算向けのプログラミング言語）で記述されたプログラムが掲載されていますが、リスト2-2

では、それをPythonに置き換えています。このプログラムをmajority2.pyというファイル名で作成してください。

リスト2-2　単純なループ2回で過半数を取った人を判定するプログラム（majority2.py）

```
# 投票（生徒が持つプラカードに書かれた名前）
vote = [
"山田太郎", "鈴木花子", "佐藤三郎", "鈴木花子",
"鈴木花子", "佐藤三郎", "鈴木花子", "佐藤三郎",
"鈴木花子", "鈴木花子", "山田太郎", "鈴木花子"
]

# 投票数（全生徒の数）
n = len(vote)

# 当選の候補者
candidate = ""

# 当選の候補者の支持者の残存数
survivor = 0

# ペアリングの繰り返し
for i in range(0, n):
    # 現時点の当選の候補者がいない場合
    if survivor == 0:
        # 現時点の当選の候補者を設定する
        candidate = vote[i]
        # 残存数を1にする
        survivor = 1
    # 現時点の当選の候補者と同じ場合
    elif candidate == vote[i]:
        # 残存数に1を加える
        survivor += 1
    # 現時点の当選の候補者と異なる場合
    else:
        # 残存数から1を引く
        survivor -= 1

# 当選の候補者の得票数
count = 0

# カウンティングの繰り返し
```

次ページに続く

```
if survivor != 0:
    for i in range(0, n):
        # 当選の候補者と同じ名前の場合
        if candidate == vote[i]:
            # 得票数に1を加える
            count += 1

# 過半数を取っているかどうかを確認する
if count > (n // 2):
    print(candidate + "が過半数を取りました。")
else:
    print("過半数を取った人はいません。")
```

リスト2-2には詳しくコメントを付けてあるので、これまでの説明に対応付けて内容を理解できるでしょう。このプログラムで注目してほしいのは、ペアリングもカウンティングも単純な繰り返し（多重ループでない繰り返し）であるということです。単純な繰り返しの計算量はNなので、プログラム全体の計算量は2Nであり、とても効率的です。

実行結果を図2-4に示します。「鈴木花子」が過半数を取ったと判断されているので、このプログラムは正しく動作しています。

図2-4　リスト2-2のプログラム（majority2.py）の実行結果

◎簡単に過半数を判定する

Pythonに詳しい人なら、「得票数のカウントなんて、Pythonのリストが持つ機能を使えば簡単だ！」と思うことでしょう。正にその通りです。ここからは、Pythonのリストが持つ機能を使って、過半数を取った人を判定するプログラムを作ってみましょう。

▶名前順に並べ替えた真ん中の人を調べる

これから作るプログラムでは、「もし過半数を取っている人がいれば、投票結果のリストを文字コード順にソートしたときの、真ん中の要素の人である」というアルゴリズムを使います。

例えば、要素数が12なら過半数は7以上です。ソート済みの要素は、同じ値が連続して並ぶので、過半数の要素の並びは、どこにあってもリストの真ん中を占めることになります。図2-5に示したように、今回の3人のうち、誰が過半数を取っても真ん中にくることがわかるでしょう。

12は偶数なのでピッタリ真ん中はありませんが、12 // 2という計算[*3]で真ん中を求めているので6になります。0から始まるリストの添字としては7番目が真ん中になります。

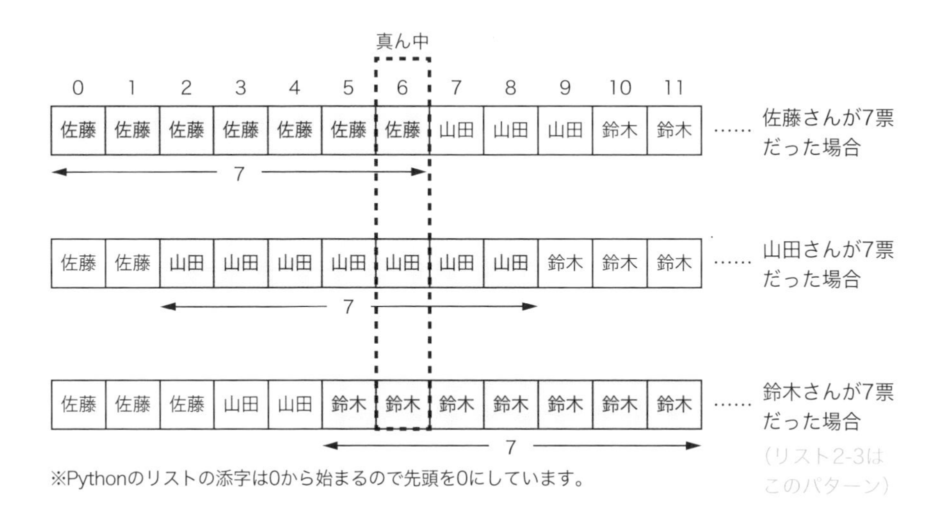

図2-5 誰が過半数を取ったとしても、文字コード順にソートすれば
その人は必ずリストの真ん中を占める

リスト2-3は、このアルゴリズムをPythonのリストが持つ機能を使ってプログラムにしたものです。とても短いプログラムで目的の結果を得ることができます。このプログラムをmajority3.pyというファイル名で作成してください。

[*3] 「//」は、除算を行い、小数点以下をカットするPythonの演算子です。

リスト2-3　Pythonのリストの機能を使って過半数を取った人を判定するプログラム（majority3.py）

```
# 投票
vote = [
"山田太郎", "鈴木花子", "佐藤三郎", "鈴木花子",
"鈴木花子", "佐藤三郎", "鈴木花子", "佐藤三郎",
"鈴木花子", "鈴木花子", "山田太郎", "鈴木花子"
]

# 半数を得る(真ん中の要素の添字でもある)
half = len(vote) // 2

# リストをソートする
vote.sort()

# 過半数を取っているかどうかを確認する
if vote.count(vote[half]) > half:
    print(vote[half] + "が過半数を取りました。")
else:
    print("過半数を取った人はいません。")
```

Pythonのリストには、要素をソートするsortメソッドと、指定した要素と同じ値の要素の数を求めるcountメソッドがあります。

リスト2-3のプログラムでは、half = len(vote) // 2で要素の半数を変数halfに得ています。この変数halfは、リストの真ん中の要素の添字でもあります。次に、vote.sort()で要素をソートします。そして、if vote.count(vote[half]) > half:で、真ん中の要素と同じ値の要素の数（候補者の得票数）が過半数であるかどうかを判定しています。

リスト2-3の実行結果を図2-6に示します。「鈴木花子」が過半数を取ったと判断されているので、このプログラムは正しく動作しています。

図2-6　リスト2-3のプログラム（majority3.py）の実行結果

◎ゆっくりとカウントするプログラム

最後に、Pythonのリストではなく辞書の機能を使ったプログラムを紹介しましょう。辞書は、「キー」と「バリュー」(値)のペアを要素とした配列(ただの配列ではなく様々な機能を持っています)です。キーを候補者名としてバリューを得票数とした辞書を使えば、票を1つずつチェックして、黒板に候補者の名前と得票数を「正」の字を書いてカウントするようなイメージをプログラムで表現できます(図2-7)。楽しそうなので、やってみましょう。

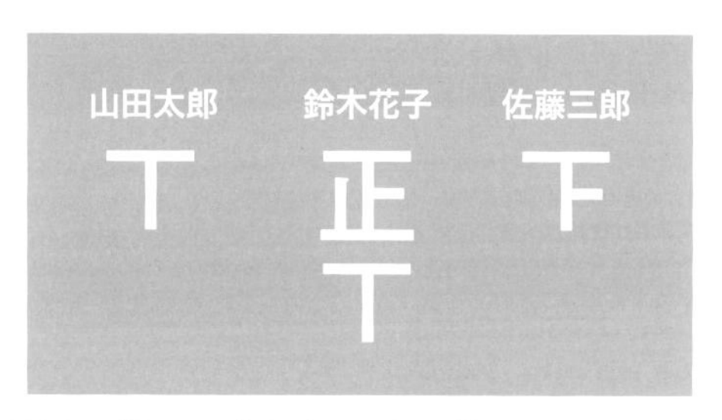

図2-7　黒板に「正」の字を書いて得票数をカウントするイメージ

▶ Pythonの辞書の機能を使う

リスト2-4は、Pythonの辞書の機能を使って過半数を取った人を判定するプログラムです。

リスト2-4　Pythonの辞書の機能を使って過半数を取った人を判定するプログラム(majority4.py)

```
# 投票
vote = [
"山田太郎", "鈴木花子", "佐藤三郎", "鈴木花子",
"鈴木花子", "佐藤三郎", "鈴木花子", "佐藤三郎",
"鈴木花子", "鈴木花子", "山田太郎", "鈴木花子"
]

# 黒板の役をする辞書を作成する
blackboard = dict()

# 票を1票ずつ取り出して集計を行う繰り返し
```

次ページに続く

```
for v in vote:
    # キーが辞書にない場合(黒板に名前がない場合)
    if v not in blackboard.keys():
        # 辞書にキーを登録しバリューを1にする(黒板に名前を書き票数を1にする)
        blackboard[v] = 1
    # キーが辞書にある場合(黒板に名前がある場合)
    else:
        # キーに対応するバリューに1を加える(名前に対応する票数に1を加える)
        blackboard[v] += 1
    # 現在の辞書の内容(黒板の内容)を表示する
    print(blackboard) ――――――――――――――――――――――――――――――(1)

# 集計後の辞書のバリューの最大値を求める
max_value = max(blackboard.values())

# 辞書の最大値が過半数なら当選者がいる
if max_value > (len(vote) // 2):
    # 過半数を取ったキーを見つけて表示する
    for key, value in blackboard.items():
        if (value == max_value):
            print(key + "が過半数を取りました。")
            break
# そうでなければ当選者はいない
else:
    print("過半数を取った人はいません。")
```

ここでは、黒板の役をするblackboardという辞書を作成しています。投票を格納したリストvoteから変数vに票を取り出すことを繰り返して、票の集計を行います。

vをキーとした要素が辞書にない場合（黒板に名前がない場合）は、新たに辞書にキーとしてvを登録してバリューを1にします（新たに黒板に名前を書いて票数を1にします）。vをキーとした要素が辞書にある場合（黒板に名前がある場合）は、そのキーに対応するバリューに1を加えます（その名前に対応する票数に1を加えます）。

繰り返しの最後にあるprint(blackboard)で、現在の辞書の内容（黒板の内容）を画面に表示します。繰り返しを終えたときに、集計後の辞書のバリューの最大値を変数max_valueに求め、それが過半数なら辞書の中から変数max_valueのバリューを持つキー（候補者名）を見つけます。このキーが当選者です。もし変数

max_valueが過半数でないなら、当選者はいません。

このプログラムをmajority4.pyというファイル名で作成してください。実行結果を図2-8に示します。


```
C:¥NikkeiSW>python majority4.py
{'山田太郎': 1}
{'山田太郎': 1, '鈴木花子': 1}
{'山田太郎': 1, '鈴木花子': 1, '佐藤三郎': 1}
{'山田太郎': 1, '鈴木花子': 2, '佐藤三郎': 1}
{'山田太郎': 1, '鈴木花子': 3, '佐藤三郎': 1}
{'山田太郎': 1, '鈴木花子': 3, '佐藤三郎': 2}
{'山田太郎': 1, '鈴木花子': 4, '佐藤三郎': 2}
{'山田太郎': 1, '鈴木花子': 4, '佐藤三郎': 3}
{'山田太郎': 1, '鈴木花子': 5, '佐藤三郎': 3}
{'山田太郎': 1, '鈴木花子': 6, '佐藤三郎': 3}
{'山田太郎': 2, '鈴木花子': 6, '佐藤三郎': 3}
{'山田太郎': 2, '鈴木花子': 7, '佐藤三郎': 3}
鈴木花子が過半数を取りました。
```

図2-8　リスト2-4のプログラム（majority4.py）の実行結果

黒板の役をしている辞書の内容が表示され、投票結果が示されました。1行目は、1票目を開票して「山田太郎」に1票入った様子です。2行目は、2票目を開票して「鈴木花子」に1票入った様子です。このように、時系列に集計していく様子が一気に表示されました。「鈴木花子」が過半数を取ったと判断されているので、このプログラムは正しく動作しています。

リスト2-4はアルゴリズムとしては正しいですし、集計結果も正しいです。ただし、黒板に候補者の名前と得票数を「正」の字を書いてカウントしていく様子を再現できているかと言うと、少し微妙です。集計した結果が、一気に表示されてしまうからです。投票数が少ないからではなく、もし投票数が100を超えていたとしても、アッという間に集計は終わってしまいます。

▶実際に集計している様子を演出する

そこで、1秒ごとに集計を表示して、1票ずつ開票してカウントしていく感じを演出してみましょう。リスト2-4のコードの一部を書き換えていきます。

まず、リスト2-4の先頭にリスト2-5を挿入してください。

リスト2-5　リスト2-4の先頭に追加するコード（majority5.pyの一部）

```
# timeモジュールをインポート
import time
```

次に、リスト2-4の（1）の行の下にリスト2-6を挿入して、majority5.pyというファイル名で作成してください。

リスト2-6　リスト2-4の（1）の行の下に追加するコード（majority5.pyの一部）

```
    # 1秒待つ
    time.sleep(1)
```

実行結果を図2-9に示します。

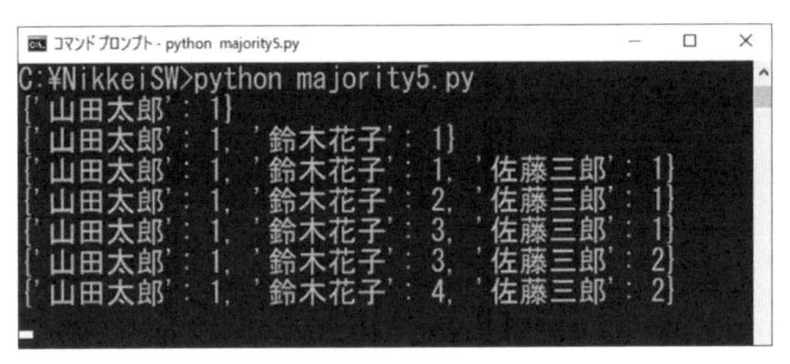

図2-9　リスト2-5とリスト2-6を追加したリスト2-4のプログラム（majority5.py）の実行結果（実行途中）

1秒間隔で、集計途中の結果を表示するようになりました。まるで、実際の選挙管理委員会が票を集計しているようです。学生時代、誰が当選するのかドキドキしながら、黒板に「正」の字を書いていたことを思い出しそうです。

3章

これって メールアドレスとして 合ってる?

3章のポイント！

メールアドレスの入力間違いは、事前に防ぎたいものです。メールアドレスに使用できる文字の種類には、ルールがあります。例えば、ドメイン部（@の右側）に「,」（カンマ）を使うことはできません。それ以外にも、様々なルールがあります。

こうしたルールにしたがって、「入力した文字列がメールアドレスかどうか」を判定するアルゴリズムを考えてみましょう。

本章の流れ

❶メールアドレスかどうかを判定するルール

「入力した文字列がメールアドレスの形式として正しいのか」を判定するルールを定義します。例えば、文字列の中に「@」が入っていること、「.」が先頭や末尾にないこと、といったルールです。

❷メールアドレス判定処理の流れを図で表す

メールアドレスの先頭から1文字ずつチェックし、最終的にメールアドレスかどうかを判定します。この処理の流れを「**状態遷移図**」の一種である「**ステートマシン図**」で表します。

❸ステートマシン図からプログラムを作る

❷のステートマシン図をさらに詳しい図に改良します。その図から、メールアドレスを判定するプログラムを作ります。

❹状態遷移表からプログラムを作る

より効率的なアルゴリズムに改良するために、ステートマシン図を「**状態遷移表**」に変換します。そして、その状態遷移表からプログラムを作ります。

3章 これってメールアドレスとして合ってる?

ショッピングサイトなどのユーザー情報の送信ページで、氏名、住所、メールアドレスなどを入力するときに、データの形式が合っていないと、警告が表示される場合があります。例えば、メールアドレスとして、yazawa@example.co.jp[*1]はOKですが、yazawa.example.co.jpはNGです。後者には「@」(アットマーク)がありません。

本章では、キー入力した文字列の内容がメールアドレスの形式になっているかどうかを判定するプログラムを作ります。以下の例のように、入力した文字列がメールアドレスの形式であれば「メールアドレスです。」と表示し、そうでなければ「メールアドレスではありません。」と表示するプログラムです。

例1

```
文字列-->yazawa@example.co.jp
メールアドレスです。
```

例2

```
文字列-->yazawa.example.co.jp
メールアドレスではありません。
```

◎ メールアドレスかどうかを判定するルール

まずは、メールアドレスとしてOKとする形式を、ルールとして取り決めておきましょう。

▶メールアドレスの形式

メールアドレスは、「ローカル部@ドメイン部」という形式になっています。例

---

*1 これは架空のメールアドレスです。

えば、yazawa@example.co.jpでは、yazawaがローカル部で、example.co.jpがドメイン部です。ドメイン部はメールサーバーを識別する文字列であり、ローカル部はそのメールサーバーに登録しているユーザーを識別する文字列です。ローカル部とドメイン部の区切りには、必ず「@」が1つあります。

インターネットの世界には、様々な技術情報を共有するために、RFC（Request For Comments）と呼ばれる文書があります。RFC5321（Simple Mail Transfer Protocol）およびRFC5322（Internet Message Format）という文書の中で、メールアドレスのローカル部とドメイン部で使用できる文字の種類が、以下のように定義されています*2。

ローカル部で使用できる文字

・大小の英字（A ～ Z、a ～ z）
・数字（0 ～ 9）
・記号（! # $ % & ' * + - / = ? ^ _ ` { | } ~ ）

※ "" で囲めば、( ) < > [ ] : ; @ , . スペースも使用できる
※ \" とすれば、" も使用できる

ドメイン部で使用できる文字

・大小の英字（A ～ Z、a ～ z）
・数字（0 ～ 9）
・ハイフン（先頭以外）
・ドット（先頭と末尾以外であり、2 個以上連続しないこと）
・[] で囲まれた IP アドレス

RFC5321およびRFC5322の定義に完璧にしたがったプログラムを作りたいところですが、ここでは解説をわかりやすくするために、ルールを少し単純化します。

*2 RFC5321およびRFC5322の定義の内容をわかりやすい表現に書き直してあります。

本章では、以下に示した形式の文字列をメールアドレスとしてOKとすることにします。

本章のメールアドレス判定ルール
・「ローカル部@ホスト部」という形式である
・「ローカル部」と「ホスト部」では、大小の英字、数字、ドットが使える
・ドットは先頭と末尾以外であり、2個以上連続して使わない

◎メールアドレス判定処理の流れを図で表す

実際にプログラムを作る前に、メールアドレスを判定する処理の流れを図で表します[*3]。ここでは、「状態遷移図」を使います。状態遷移図は、現在の状態と外部から与えられた入力によって次の状態が決まる（次の状態に遷移する）ことを示す図です。状態遷移図の書き方には、いくつかの種類がありますが、ここでは「ステートマシン図」（UMLで定義されている図の一種）を使うことにします。

▶ステートマシン図で判定する

図3-1は、メールアドレスの判定を大雑把に書いたステートマシン図です。角の丸い四角形で「状態」を示し、それぞれの状態を矢印でつないで「遷移」を示します。矢印の上には、遷移の「トリガ」（きっかけ）を書き添えます。黒丸は「初期状態」を示し、目玉マーク（黒丸を丸で囲んだマーク）は「終了状態」を示します。

*3 Pythonでは、正規表現に関する機能を提供するreモジュールを使うと、文字列が形式に合っていることを簡単に判定できます。ここではアルゴリズムを理解するために、reモジュールを使わずに手作りします。

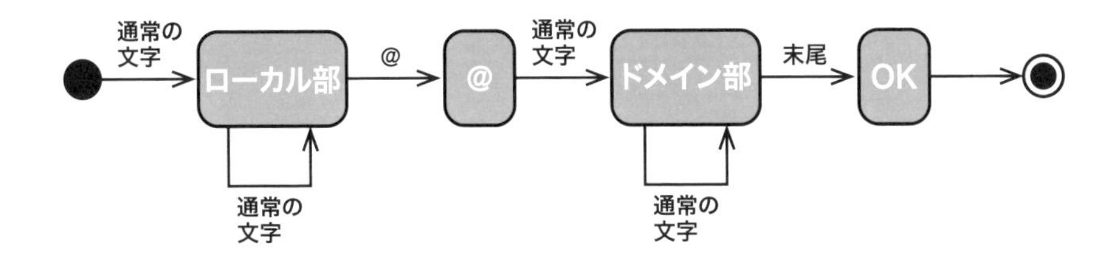

図3-1　メールアドレスの判定を大雑把に書いたステートマシン図

図3-1には、初期状態と終了状態のほかに、「ローカル部」「@」「ドメイン部」「OK」という状態があります。さらに、「通常の文字」「@」「末尾」というトリガがあります。文字列の先頭から順番に1文字を取り出す処理が、状態遷移のトリガになります。

現在の状態から、状態遷移する場合は次の状態（右側の状態）に矢印が向かっています。状態遷移しない場合は、同じ状態に矢印が向かっています。

「yazawa@example.co.jp」という文字列がメールアドレスかどうかを、人間が判定するときの頭の中での考えの変化（頭の中の状態の遷移）に照らし合わせて、図3-1を見てみましょう。

まず、文字列の先頭から「y」を取り出します。「通常の文字」のトリガなので、「初期状態」から「ローカル部」に遷移します。

次に、文字列の先頭から2番目の「a」を取り出します。「通常の文字」のトリガなので、次の状態には遷移せずに、「ローカル部」の状態のままです。同様に、次の文字を取り出していきますが、文字列が「zawa」までは「ローカル部」の状態のままです。

そして、文字列の先頭から7番目の「@」を取り出します。「@」のトリガなので、「ローカル部」から「@」の状態に遷移します。

次に、文字列の先頭から8番目の「e」を取り出したときに「@」から「ドメイン部」に遷移します。その後は「xample.co.jp」まで「ドメイン部」のままです。文字列の末尾に達したときに「OK」に遷移し、そこから無条件で終了状態に遷移します。

このように、ステートマシン図を使うと、人間が物事を判定するときの頭の中の考えの変化を示せるのです。考えの変化を明確に示せたなら、それはアルゴリズムであり、プログラムで具現化できます。

◎ステートマシン図からプログラムを作る

ステートマシン図の書き方がわかったので、先ほど示した「本章のメールアドレス判定ルール」でメールアドレスの判定をするプログラムを作ります。詳細なステートマシン図を書いてみましょう。

本章のメールアドレス判定ルール

・「ローカル部@ホスト部」という形式である

・「ローカル部」と「ホスト部」では、大小の英字、数字、ドットが使える

・ドットは先頭と末尾以外であり、２個以上連続して使わない

▶詳細なステートマシン図

ステートマシン図では、大きく見た状態の中に、小さく分けた状態を書き込むことができます。図3-2を見てください。ここでは、「ローカル部」と「ドメイン部」を大きな状態として、それぞれの中に「ドット以外の文字」「ドット」という小さな状態を書き込むことにします。さらに、「OK」だけでなく「NG」という状態も追加します。トリガは、「英数字（大小の英字、数字)」「ドット」「@」「その他（その他の文字)」「末尾」とします。

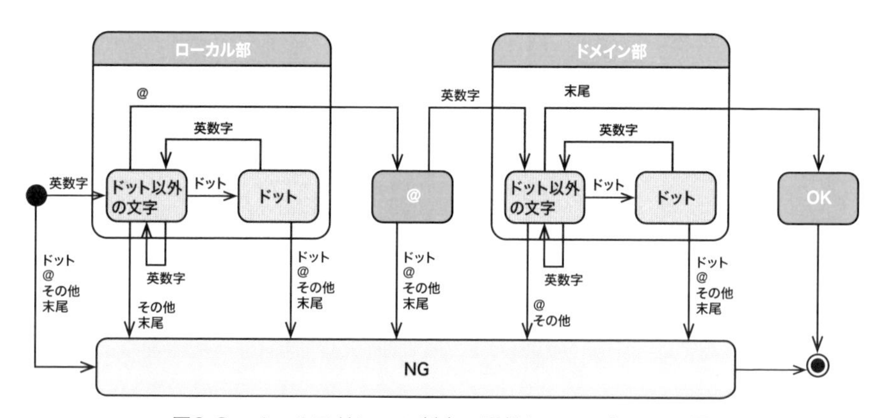

図3-2　メールアドレスの判定の詳細なステートマシン図

このステートマシン図で、yazawa@example.co.jpがOKと判定されることを確認してみましょう。

まず、「初期状態」でyを取り出して、「ローカル部」の「ドット以外の文字」に遷移します。その後、azawaまでは同じ状態のままです。@を取り出して「@」の状態に遷移します。

次に、eを取り出して「ドメイン部」の「ドット以外の文字」に遷移します。その後、xampleまでは同じ状態のままです。ドットを取り出して「ドット」の状態に遷移します。

次に、cを取り出して「ドメイン部」の「ドット以外の文字」に遷移し、oまでは同じ状態のままです。ドットを取り出して「ドメイン部」の「ドット」の状態に遷移します。

次に、jを取り出して「ドメイン部」の「ドット以外の文字」に遷移し、pまでは同じ状態のままです。末尾に達したときに「OK」に遷移し、そこから無条件で終了状態に遷移します。「OK」の状態で終了したのですから、メールアドレスの判定はOKです。

今度は、yazawa.example.co.jpがNGと判定されることを確認してみましょう。

まず、「初期状態」でyを取り出して、「ローカル部」の「ドット以外の文字」に遷移します。その後、「ローカル部」の「ドット」と「ドット以外の文字」を行き来します。そして、末尾に達したときに「NG」に遷移し、そこから無条件で終了状態に遷移します。「NG」の状態で終了したのですから、メールアドレスの判定はNGです。

このほかにも、ローカル部またはドメイン部の先頭や末尾にドットがある文字列、ドットが2個以上連続した文字列、@を2回以上使った文字列、などの具体例を作って、それらがNGと判定されることを確認してみてください。以下に、文字列の例を示します。

●ローカル部の末尾にドットがある文字列
yazawa.@example.co.jp

●ドットが2個以上連続した文字列
yazawa@example..co.jp

●@を2回以上使った文字列
yazawa@example@co.jp

面倒くさがらずに、ステートマシン図に指を当てて、状態をたどってみましょう。面倒くさがらないことが、アルゴリズムを楽しむ秘訣です。

▶ステートマシン図をプログラムに置き換える

詳細なステートマシン図ができたので、それをプログラムに置き換えて実行してみましょう。リスト3-1は、メールアドレスの判定を行うプログラムです。これをemailcheck1.pyというファイル名で作成してください。

リスト3-1　メールアドレスの判定を行うプログラム（emailcheck1.py）

```
# 大小の英字、数字ならTrueを返す関数
def isalphanum(c):
    return "0" <= c <= "9" or "A" <= c <= "Z" or ¥
    "a" <= c <= "z"

# ドットならTrueを返す関数
def isdot(c):
    return c == "."

# @ならTrueを返す関数
def isatmark(c):
    return c == "@"

# 末尾を意味する$ならTrueを返す関数
def isend(c):
    return c == "$"
```

次ページに続く

```
# 文字列がメールアドレスの形式ならTrueを返す関数
def isemail(s):
    # 文字列に末尾を意味する$を付加する
    s += "$"

    # 状態を意味する定数
    INIT = 0                # 初期状態
    LOCAL_NOTDOT = 1        # ローカル部のドット以外の文字
    LOCAL_DOT = 2           # ローカル部のドット
    ATMART = 3              # @
    DOMAIN_NOTDOT = 4       # ドメイン部のドット以外の文字
    DOMAIN_DOT = 5          # ドメイン部のドット
    OK = 6                  # OK
    NG = 7                  # NG

    # 初期状態を設定する
    state = INIT

    # 文字列から1文字ずつ取り出して状態を遷移させる
    for c in s:
        # 初期状態
        if state == INIT:
            if isalphanum(c):
                state = LOCAL_NOTDOT
            else:
                state = NG
                break
        # ローカル部のドット以外の文字
        elif state == LOCAL_NOTDOT:
            if isalphanum(c):
                state = LOCAL_NOTDOT
            elif isdot(c):
                state = LOCAL_DOT
            elif isatmark(c):
                state = ATMART
            else:
                state = NG
                break
        # ローカル部のドット
        elif state == LOCAL_DOT:
            if isalphanum(c):
                state = LOCAL_NOTDOT
```

次ページに続く

Chapter 3

```
            else:
                state = NG
                break
        # @
        elif state == ATMART:
            if isalphanum(c):
                state = DOMAIN_NOTDOT
            else:
                state = NG
                break
        # ドメイン部のドット以外の文字
        elif state == DOMAIN_NOTDOT:
            if isalphanum(c):
                state = DOMAIN_NOTDOT
            elif isdot(c):
                state = DOMAIN_DOT
            elif isend(c):
                state = OK
            else:
                state = NG
                break
        # ドメイン部のドット
        elif state == DOMAIN_DOT:
            if isalphanum(c):
                state = DOMAIN_NOTDOT
            else:
                state = NG
                break
        # OK
        elif state == OK:
            break
        # NG
        elif state == NG:
            break
        # その他
        else:
            state = NG

    # 判定結果を返す
    return state == OK

# メインプログラム
if __name__ == '__main__':
```

次ページに続く

```
s = input("文字列-->")
if (isemail(s)):
    print("メールアドレスです。")
else:
    print("メールアドレスではありません。")
```

リスト3-1は、次の関数およびメインプログラムから構成されています。

isalphanum関数[*4]は、引数cが大小の英字または数字ならTrueを返します。

isdot関数は、引数cがドットならTrueを返します。

isatmark関数は、引数cが@ならTrueを返します。

isend関数は、引数cが文字列の末尾を意味する$ならTrueを返します。ここでは、文字列の末尾に$を付加して、末尾を示す印にしています。

isemail関数は、引数sの文字列がメールアドレスの形式としてOKならTrueを返します。

isalphanum関数、isdot関数、isatmark関数、isend関数の内容は、引数cをチェックしているだけなので、説明の必要はないでしょう。

詳細なステートマシン図をプログラムに置き換えているのはisemail関数なので、その内容を説明します。ここでポイントとなるのは、すでに説明したように、「状態遷移図とは、現在の状態と外部から与えられた入力によって次の状態が決まることを示す図である」ということです。

isemail関数では、まず、引数で指定された文字列sに末尾を意味する$を付加しています。$は、メールアドレスに使えない文字の中から適当に選んだものです。次に、状態を示す定数を定義して、現在の状態を保持する変数stateに「初期状態」を設定します。この後は、for文で文字列sの先頭から1文字ずつ変数cに取り出して、if文を使って「現在の状態（変数state）と外部から与えられた入力（変数c）によって次の状態を決めること」を繰り返します。状態が「OK」または「NG」になったら、for文を終了して終了状態になります（終了状態を示す定数は定義していません）。最後に、戻り値として、状態が「OK」ならTrueを返し、そうでないならFalseを返します。

メインプログラムでは、キー入力された文字列をisemail関数でチェックして、

---

*4 Pythonには、同様の機能を提供するisalnum関数が用意されていますが、あえて手作りしています。

その結果を「メールアドレスです。」または「メールアドレスではありません。」と表示しています。プログラムの実行結果の例を図3-3に示します。メールアドレスとしてOKかNGかが、正しく判定されています。

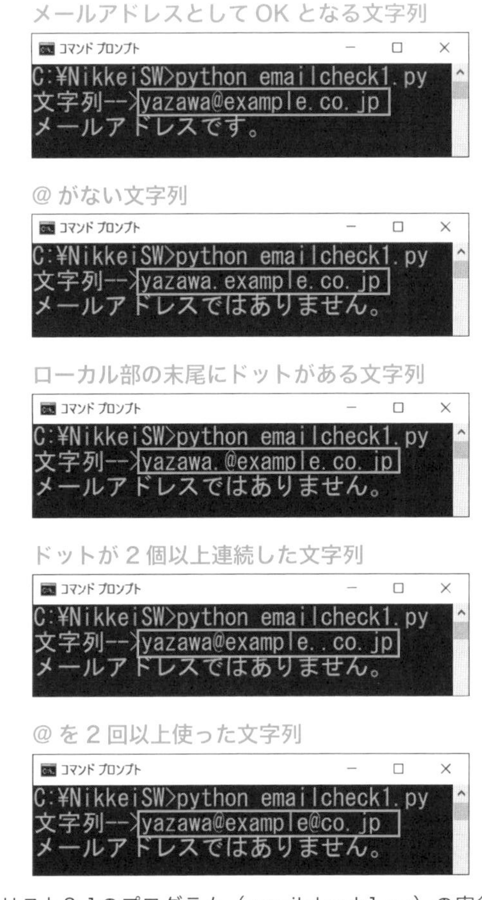

図3-3　リスト3-1のプログラム（emailcheck1.py）の実行結果の例

◎ 状態遷移表からプログラムを作る

メールアドレスの判定を行うプログラムが完成しましたが、ここで終わりにしたら、あまり楽しくありません。アルゴリズムの醍醐味は、一度考えたアルゴリズムを改良して、より効率的にすることにあるからです。現状のisemail関数における状態遷移は、数多くのif文からできていますが、これをより短い処理で実現できるように改良してみましょう。

▶ステートマシン図を状態遷移表に書き換える

ここでは、これまでのステートマシン図（状態遷移図）を「状態遷移表」に置き換えることで、プログラムを改良します。状態遷移表とは、現在の状態と外部から与えられた入力によって次の状態が決まることを示す表です。「現在の状態」「外部から与えられた入力」「次の状態」ですから、状態遷移表は、ステートマシン図と同じことを示しています。2次元の表にすれば、「次の状態 = 状態遷移表[現在の状態][外部からの入力]」という処理で、効率的に状態遷移が行えるはずです。

図3-4に、メールアドレスの判定の状態遷移表を示します。

外部からの入力 ＼ 現在の状態（識別子）	大小の英字、数字	ドット	@	その他	末尾
初期状態（S0）	S1	S7	S7	S7	S7
ローカル部のドット以外の文字（S1）	S1	S2	S3	S7	S7
ローカル部のドット（S2）	S1	S7	S7	S7	S7
@（S3）	S4	S7	S7	S7	S7
ドメイン部のドット以外の文字（S4）	S4	S5	S7	S7	S6
ドメイン部のドット（S5）	S4	S7	S7	S7	S7
OK（S6）	S8	S8	S8	S8	S8
NG（S7）	S8	S8	S8	S8	S8
終了状態（S8）	–	–	–	–	–

図3-4　メールアドレスの判定の状態遷移表

図3-4では、左端に「現在の状態」を縦方向に列挙し、上端に「外部からの入力」を横方向に列挙し、それぞれが交差する枠の中に「次の状態」を示しています。ここでは、わかりやすいように「現在の状態」にS0～S8という識別子を付け、これらの識別子を使って「次の状態」を示しています。ステートマシン図と比べると、状態遷移表は視覚的ではないので、状態の遷移がわかりにくいでしょう。ただし、状態遷移表は、状態の遷移をプログラムで処理しやすい2次元の表にしているので、プログラムをスッキリと記述できます。

状態遷移表の見方を確認しておきましょう。例えば、yazawa@example.co.jpという文字列をチェックする場合は、「初期状態（S0）」でyという「大小の英字、数字」を取り出すので、両者が交差する枠の中にある「S1」に遷移します（状態遷移表を指でたどってください）。次に、「ローカル部のドット以外の文字（S1）」という状態でaという「大小の英字、数字」を取り出すので、両者が交差する枠の中にある「S1」に遷移します（同じ状態のままです）。以下同様に、現在の状態と取り出した1文字の種類に応じて、それぞれが交差する枠を見て、状態を遷移させていくのです。最後に、「ドメイン部のドット以外の文字（S4）」という状態で末尾に達して「OK（S6）」に遷移し、そこから無条件で終了状態に遷移します。「OK」の状態で終了したのですから、メールアドレスの判定はOKです。

▶状態遷移表をプログラムに置き換える

リスト3-1のisemail関数を、リスト3-2に示した内容で書き換えて、emailcheck2.pyというファイル名で作成してください。ほかの関数とメインプログラムの変更は、不要です。

リスト3-2　状態遷移表を使って状態遷移するように改良したisemail関数（emailcheck2.pyの一部）

```
# 文字列がメールアドレスの形式ならTrueを返す関数
def isemail(s):
    # 文字列に末尾を意味する$を付加する
    s += "$"

    # リストで状態遷移表を表現する
    table = [
    [1, 7, 7, 7, 7],
    [1, 2, 3, 7, 7] ,
    [1, 7, 7, 7, 7],
    [4, 7, 7, 7, 7],
    [4, 5, 7, 7, 6],
    [4, 7, 7, 7, 7],
    [8, 8, 8, 8, 8],
    [8, 8, 8, 8, 8]
    ]

    # 初期状態を状態遷移表の列に対応させて設定する
```

次ページに続く

```
    state = 0

    # 文字列から1文字ずつ取り出して状態を遷移させる
    for c in s:
        # 文字の種類を状態遷移表の列の添字に対応させる
        if isalphanum(c):
            col = 0
        elif isdot(c):
            col = 1
        elif isatmark(c):
            col = 2
        elif isend(c):
            col = 4
        else:
            col = 3

        # 状態を遷移させる
        state = table[state][col]

        # OKまたはNGなら終了する
        if state == 6 or state == 7:
            break

    # 判定結果を返す
    return state == 6
```

プログラムの実行結果の例は、図3-5に示します。

メールアドレスとしてOKの場合

メールアドレスとしてNGの場合

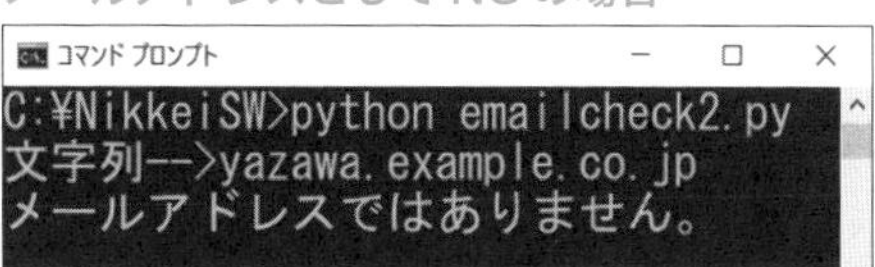

図3-5　リスト3-2を反映したリスト3-1のプログラム（emailcheck2.py）の実行結果の例

リスト3-2のisemail関数の内容を説明しましょう。

まず、引数で指定された文字列sの末尾に、文字列の末尾を意味する$を付加しています。これは、改良前と同じです。

次に、tableという名前のリストで、状態遷移表を表現しています。このリストは、リストを要素としたリストで、2次元の表を表現しています。リストの要素の数字は、先ほどの状態遷移表の中の識別子S0～S8を、0～8で表したものです。

次に、現在の状態を保持する変数stateに、「初期状態」（S0）を意味する0を設定します。変数stateには、識別子S0～S8を意味する0～8のいずれかの値を設定することで、状態遷移表の「現在の状態」を表します。この0～8は、リストtableを縦方向に見たときの要素の添字に対応します。

この後は、for文で文字列sの先頭から1文字ずつ変数cに取り出して、if文を使って文字の種類を判断し、変数colに状態遷移表の「外部からの入力」を意味する0～4のいずれかの値を設定します。0は「大小の英字、数字」を、1は「ドット」を、2は「@」を、3は「その他」を、4は「末尾」を表しています。この0～4は、リストtableを横方向に見たときの要素の添字に対応します。

そして、ここが最大のポイントなのですが、state = table[state][col]という処理だけで、状態を遷移させています。これを繰り返して、現在の状態が「OK」（S6）または「NG」（S7）になったらfor文を終了して終了状態になります。終了状態（S8）を示す値は設定していません。

最後に、戻り値として、現在の状態が「OK」（S0）を意味する6ならTrueを返し、そうでないならFalseを返します。

いかがでしょう。改良前のisemail関数は、全部で81行ありました。改良後のisemail関数は、全部で42行ですから、かなり内容がスッキリしました。

ただし、改良前と比べて、状態遷移表の行（現在の状態）と列（外部からの入力）を0、1、2、3、……というマジックナンバー（意味がわかりにくい数字）で表しているので、プログラムの可読性が低くなっていると言えます。これらのマジックナンバーに定数を割り当てると、可読性が向上すると思いますので、ぜひやってみてください。

さらに、メールアドレスだけでなく、郵便番号や電話番号などの形式をチェックするプログラムも、ぜひ作ってみてください。

4章

どうしてエレベータが通過しちゃうの?

4章のポイント!

エレベータホールで「↑」ボタンや「↓」ボタンを押して待っていたのに、なぜか自分がいる階を通り過ぎてしまった、ということはありませんか?

これは、ボタンを押せていなかったわけでも、押し間違えていたわけでもありません。エレベータが、あらかじめ設定されたアルゴリズムで動作しているからです。本章では、エレベータのアルゴリズムの例を紹介します。

本章の流れ

❶シミュレーション用のアプリを作る

まず、パソコンの画面上でエレベータの動作をシミュレートするためのアプリケーションを作ります。

❷エレベータのアルゴリズム

シミュレーション用のアプリケーションに、「**エレベータのアルゴリズム**」を実装します。アルゴリズムを整理するために、「**決定表**」を使います。

❸ハードディスクのアルゴリズムと比べる

エレベータのアルゴリズムは、パソコンの内部にあるハードディスクにも使われています。ここでは、「**SCAN**」、「**C-SCAN**」、「**LOOK**」、「**C-LOOK**」という4種類のアルゴリズムを紹介します。

❹エレベータのアルゴリズムを変更する

❷で実装したエレベータのアルゴリズムは、LOOKに該当します。最後に、エレベータのアルゴリズムをLOOKからSCANに変更したプログラムを作ります。

4章 どうしてエレベータが通過しちゃうの？

ビルの3階にいる人が、エレベータの乗り口で下降ボタン（[↓] ボタン）を押したとします。1階にいたカゴ（エレベータの乗り物）が上昇を始めました。「1階、2階、……いよいよ3階に止まるな」と思っていたら、3階を通過して上の階に行ってしまいました。どうして3階に止まらなかったのでしょうか？

それは、このエレベータが以下のアルゴリズムで動作していたからです。

エレベータのアルゴリズム

- 上昇中は、より上の階で降りる人や、より上の階で待っている人がいる限り、上昇を続ける。
- 下降中は、より下の階で降りる人や、より下の階で待っている人がいる限り、下降を続ける。

3階で下降ボタンを押したのに、上昇するカゴが3階に止まらずに通過したのは、3階で降りる人がいなくて、3階より上の階で降りる人や待っている人がいたからです。本章では、このようなエレベータのアルゴリズムをプログラムで具現化してみます。

◎ シミュレーション用のアプリを作る

エレベータの動きをパソコン（ここではWindows）の画面上で確認するために、エレベータの動作をシミュレートするデスクトップアプリケーションを作ります。

▶シミュレートするエレベータの仕様

はじめに、ビルとエレベータの仕様を決めておきましょう。ビルは5階建てで、エレベータは1基だけだとします。

カゴの中には、降りる階を指定する [1] [2] [3] [4] [5] というボタンがあります。[開] と [閉] のボタンは、これから作るアプリケーションでは省略することにします。

各階の乗り口には上昇を指定する [↑] ボタンと、下降を指定する「↓] ボタンがあります。ただし、1階は [↑] ボタンだけで、5階は [↓] ボタンだけです。

これらのボタンによる操作とカゴの位置や動作を、図4-1のアプリケーションでシミュレートします。

図4-1　エレベータの動作をシミュレートするアプリケーション

図4-1のアプリケーションの画面を説明します。

画面の左側にある [5F] [4F] [3F] [2F] [1F] は、カゴの現在位置を示すラジオボタンです。現在位置は、クリックされた状態に自動で設定され、背景色が変わります。ここでは、現在位置は1Fを示しています。

[1F] の下には、現在のエレベータの移動方向を示すボタンがあります。[未定] [上昇] [下降] のいずれかに自動で設定されます。クリックすると、[未定] [上昇] [下降] の順番に、切り替わります。

これらの [5F] [4F] [3F] [2F] [1F] と [未定] [上昇] [下降] は、エレベータの動作に応じて自動的に設定されるボタンです。ただし、クリックすると、任意の状態に手動で切り替えることができます。

画面の中央にある［5］［4］［3］［2］［1］は、カゴ内のボタンを示すチェックボタンです。クリックして選択します。

画面の右側にある［↑］と［↓］は、各階のボタンを示すチェックボタンです。これも、クリックして選択します。

これらの［5］［4］［3］［2］［1］と［↑］［↓］の選択状態（つまり、ボタンがクリックされた状態）は、エレベータの動作に応じて自動的に解除されます。

画面の下部にある［次の動作］ボタンをクリックすると、エレベータが次の動作を実行します。

ここで、「カゴが1Fにあり、カゴの中にいる人は5Fのボタンを押していて、3Fでカゴを待っている人は下降ボタンを押している」という状況を想定してみます。

図4-2に、「カゴが［1F］にあり、移動方向が［未定］で、カゴ内の［5］ボタンと3Fの［↓］ボタンが選択されている」という状況を設定した画面を示します。

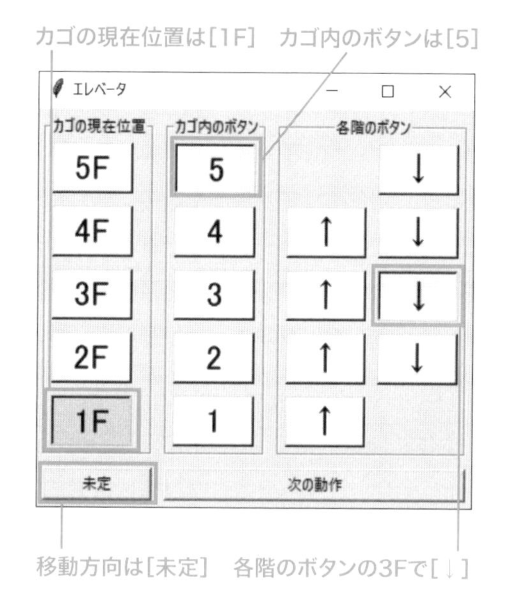

図4-2　アプリケーションに状況を設定した画面

図4-2の画面で［次の動作］ボタンをクリックすると、エレベータが上昇する、下降する、扉を開く、止まるなどの動作を1つずつ行い、画面が変化していきま

す。

扉が開いたときには､｢扉を開きました。｣というメッセージボックスを表示します。［次の動作］ボタンがクリックされてもカゴの移動ができないとき（つまり、エレベータが止まっているとき）は､｢行先ボタンを押してください。｣というメッセージボックスを表示します。

▶アプリケーションの画面を作る

本題に入る前に､このエレベータの動作をシミュレートするアプリケーションのGUI（Graphical User Interface）の部分を作っておきます。エレベータのアルゴリズムについては、後で解説します。

PythonでGUIを実現するには、いくつかの方法がありますが、ここではTkinterというモジュールを使うことにします。リスト4-1は、Tkinterを使って作成したGUIです。elevator.pyというファイル名で作成してください。

リスト4-1　プログラムのGUIの部分（elevator.py）

```
import tkinter as tk
import tkinter.messagebox as messagebox

# カゴの移動方向を設定する関数
def direction_control():
    pass

# 扉を開く関数
def door_control():
    pass

# カゴを移動する関数
def cage_control():
    pass

# 「次の動作」ボタンがクリックされたときに呼び出される関数
def next_motion():
    # カゴの移動方向を設定する
    direction_control()

    # 扉を開く
    if door_control():
```

リスト4-2で記述（リスト4-5で再記述）

リスト4-3で記述

リスト4-4で記述

次ページに続く

```
            # 扉を開いたらカゴの移動は次の動作にする
            return

        # カゴを移動する
        cage_control()

# カゴの移動方向を示すボタンがクリックされたときに呼び出される関数
def change_direction():
    # 「未定」「上昇」「下降」を順番に切り替える
    cd = cage_direction.get()
    if cd == "未定":
        cage_direction.set("上昇")
    elif cd == "上昇":
        cage_direction.set("下降")
    else:
        cage_direction.set("未定")

# 以下はグローバル変数およびGUI
# 最上階を5Fとする
TOP_FLOOR = 5

# Tkのルートを作成する
root = tk.Tk()
root.title("エレベータ")

# 現在のカゴの位置
cage_position = tk.IntVar()
cage_position.set(1)

# カゴの動作("未定"、"上昇"、"下降")
cage_direction = tk.StringVar()
cage_direction.set("未定")

# カゴ内のボタンの選択状態
cage_buttons = []
for n in range(TOP_FLOOR + 1):
    bv = tk.BooleanVar()
    bv.set(False)
    cage_buttons.append(bv)

# 各階の[↑]ボタンの選択状態
floor_up_buttons = []
for n in range(TOP_FLOOR + 1):
```

次ページに続く

```
    bv = tk.BooleanVar()
    bv.set(False)
    floor_up_buttons.append(bv)

# 各階の[↓]ボタンの選択状態
floor_down_buttons = []
for n in range(TOP_FLOOR + 1):
    bv = tk.BooleanVar()
    bv.set(False)
    floor_down_buttons.append(bv)

# ラベル付きフレームを作成する
flame1 = tk.LabelFrame(root, text="カゴの現在位置", labelanchor=tk↵
.N)
flame1.grid(row=0, column=0, padx=5, pady=5)
flame2 = tk.LabelFrame(root, text="カゴ内のボタン", labelanchor=tk↵
.N)
flame2.grid(row=0, column=1, padx=5, pady=5)
flame3 = tk.LabelFrame(root, text="各階のボタン", labelanchor=tk.N)
flame3.grid(row=0, column=2, padx=5, pady=5)

# カゴの現在位置を示すラジオボタンを作成する
cp_list = [("5F", 5, 0),
           ("4F", 4, 1),
           ("3F", 3, 2),
           ("2F", 2, 3),
           ("1F", 1, 4)]
for c_text, c_val, c_row in cp_list:
    rdo = tk.Radiobutton(flame1, text=c_text, value=c_val,
    variable=cage_position, indicatoron=0, width=4,
    font=("", "20", ""), bg="white", selectcolor="cyan")
    rdo.grid(row=c_row, column=0, padx=5, pady=5)

# カゴ内のボタンを表すチェックボタンを作成する
cb_list = [("5", 0),
           ("4", 1),
           ("3", 2),
           ("2", 3),
           ("1", 4)]
for c_text, c_row in cb_list:
    chk = tk.Checkbutton(flame2, text=c_text,
    variable=cage_buttons[int(c_text)], indicatoron=0, width=4,
    font=("", "20", ""), bg="white", selectcolor=↵
```

次ページに続く

```
"yellow")
    chk.grid(row=c_row, column=0, padx=5, pady=5)

# 各階のボタンを表すチェックボタンを作成する
fb_list = [("5", 0),
           ("4", 1),
           ("3", 2),
           ("2", 3),
           ("1", 4)]
for f_text, f_row in fb_list:
    # 上昇ボタン
    if f_text != "5":
        chk1 = tk.Checkbutton(flame3, text="↑",
        variable=floor_up_buttons[int(f_text)], indicatoron=0,
        width=4,
        font=("", "20", ""), bg="white", selectcolor="yellow")
        chk1.grid(row=f_row, column=0, padx=5, pady=5)
    # 下降ボタン
    if f_text != "1":
        chk2 = tk.Checkbutton(flame3, text="↓",
        variable=floor_down_buttons[int(f_text)], indicatoron=⏎
0, width=4,
        font=("", "20", ""), bg="white", selectcolor="yellow")
        chk2.grid(row=f_row, column = 1, padx=5, pady=5)

# カゴの移動方向を示すボタンを作成する
btn_change = tk.Button(root, textvariable=cage_direction, comma⏎
nd=change_direction)
btn_change.grid(row=1, column=0, padx=5, pady=5,
sticky=tk.W + tk.E + tk.N + tk.S)

# 「次の動作」ボタンを作成する
btn_next = tk.Button(root, text="次の動作", command=next_motion)
btn_next.grid(row=1, column=1, padx=5, pady=5, columnspan=2,
sticky=tk.W + tk.E + tk.N + tk.S)

# イベント待ちの無限ループ
root.mainloop()
```

リスト4-1では、移動方向を示すボタン（[未定][上昇][下降]）をクリックするとchange_direction関数が呼び出されます。[次の動作] ボタンをクリックすると、next_motion関数が呼び出されます。このnext_motion関数の中に、エレベータのアルゴリズムを記述していきます。

エレベータのアルゴリズムは、カゴの移動方向を設定するdirection_control関数、扉を開くdoor_control関数、およびカゴを移動するcage_control関数に分けています。現時点では、これら3つの関数の処理内容はpass（何もしないことを意味します）になっています。後で、このpassの部分に、それぞれの関数の役割に応じたコードを記述します。

本書はアルゴリズムをテーマとしていますので、Tkinterの使い方の詳細な説明は省略します。リスト4-1では、エレベータの位置、移動方向、およびボタンの状態を保持するグローバル変数の役割がわかればOKです。この後でエレベータのアルゴリズムを記述するときに使います。図4-3に、それぞれの変数の役割を示します。

変数名	データ型	役割
cage_position	IntVar	現在のカゴの位置を1～5で示す
cage_direction	StringVar	カゴの移動方向を"未定"、"上昇"、"下降"で示す
cage_buttons[5] cage_buttons[4] cage_buttons[3] cage_buttons[2] cage_buttons[1]	BooleanVar	カゴ内のボタンの選択状態をTrue／Falseで示す。添字の[5]～[1]は、階の数字に対応する
floor_up_buttons[4] floor_up_buttons[3] floor_up_buttons[2] floor_up_buttons[1]	BooleanVar	各階の[↑]ボタンの選択状態をTrue／Falseで示す。添字の[4]～[1]は、階の数字に対応する
floor_down_buttons[5] floor_down_buttons[4] floor_down_buttons[3] floor_down_buttons[2]	BooleanVar	各階の[↓]ボタンの選択状態をTrue／Falseで示す。添字の[5]～[2]は、階の数字に対応する

図4-3　エレベータの位置、移動方向、およびボタンの状態を保持するグローバル変数

これらの変数のデータ型（クラス）は、TkinterのIntVar（整数型）、StringVar（文字列型）、BooleanVar（真偽値型）です。これらの変数には、setメソッドで値を設定し、getメソッドで値を取得します。変数の値を変更すると、それに合わせて、GUI部品の状態（ラジオボタンとチェックボタンの選択状態、およびボタンの表面の文字列）が変わります。そういう機能を持った特殊なデータ型なのです。

図4-3には示していませんが、最上階を意味するTOP_FLOOR = 5というグローバル定数もあります。この定数は、通常のint型であり、GUIとは対応付けられ

ていません。

◎エレベータのアルゴリズム

それでは、いよいよエレベータのアルゴリズムを記述します。リスト4-1で示した3つの関数について、順番に説明していきます。

・direction_control関数…カゴの移動方向を設定する
・door_control関数…扉を開く
・cage_control関数…カゴを移動する

▶決定表でアルゴリズムを整理する

はじめに、カゴの移動方向を設定するdirection_control関数を説明します。この関数は、「現在の移動方向」「より上の階のボタンが押されているか」「より下の階のボタンが押されているか」という複数の条件に応じて、現在の移動方向を［未定］［上昇］［下降］のいずれかに変更するという動作を行います。

このように、複数の条件の組み合わせによって動作が決まる場合には、決定表(decision table）を書くとよいでしょう。決定表は、すべての条件と動作を一覧表にしたものであり、アルゴリズムをスッキリと整理できます。

図4-4にdirection_control関数の決定表の例を示します。これはあくまでも一例であって、絶対にこうでなければならないというものではありません（以降で示す決定表も同様です）。

	パターン	1	2	3	4	5	6	7	8	9	10	11	12
条件	現在の移動方向	未定	未定	未定	未定	上昇	上昇	上昇	上昇	下降	下降	下降	下降
	より上の階のボタンが押されているか	True	True	False	False	True	True	False	False	True	True	False	False
	より下の階のボタンが押されているか	True	False	True	False	True	False	True	False	True	False	True	False
動作	移動方向の変更(上昇優先)	上昇	上昇	下降	(なし)	(なし)	(なし)	下降	未定	(なし)	上昇	(なし)	未定

図 4-4　direction_control 関数の決定表の例

図4-4の表の「現在の移動方向」には「未定」「上昇」「下降」の3通りがあり、「より上の階のボタンが押されているか」と「より下の階のボタンが押されているか」には、それぞれTrueとFalseの2通りがあるので、条件の組み合わせは、全部で3×2×2＝12通りになります。この12通りを「パターン」として1～12という番号を付けています。それぞれのパターンにおける「動作」の「移動方向の変更（上昇優先）」は、「未定」「上昇」「下降」および「(なし)」のいずれかです。プログラムでは、移動方向を「未定」「上昇」「下降」に変更するときにだけ処理を行うので、それらのパターン（パターン1、2、3、7、8、10、12）の背景を青色にしています。

この決定表からプログラムを作ります。リスト4-2は、図4-4の決定表に合わせて記述したdirection_control関数の処理内容です。

リスト4-2　direction_control関数の処理内容

```
def direction_control():
    cp = cage_position.get()          # カゴの現在位置
    cd = cage_direction.get()         # 現在の移動方向

    # より上の階のボタンが押されているかチェックする
    upper_buttons = False             # 押されていればTrueにする
    for p in range(cp + 1, TOP_FLOOR + 1):
        if cage_buttons[p].get() ¥
        or floor_up_buttons[p].get() ¥
```

次ページに続く

```
        or floor_down_buttons[p].get():
            upper_buttons = True
            break

    # より下の階のボタンが押されているかチェックする
    lower_buttons = False           # 押されていればTrueにする
    for p in range(cp - 1, 0, -1):
        if cage_buttons[p].get() ¥
        or floor_up_buttons[p].get() ¥
        or floor_down_buttons[p].get():
            lower_buttons = True
            break

    # 以下は、決定表に合わせた処理
    # 現在の移動方向が"未定"の場合
    if cd == "未定":
        # より上・下の階のボタンの両方とも押されている場合(パターン1)
        if upper_buttons and lower_buttons:
            cage_direction.set("上昇")
        # より上の階のボタンだけが押されている場合(パターン2)
        elif upper_buttons and not lower_buttons:
            cage_direction.set("上昇")
        # より下の階のボタンだけが押されている場合(パターン3)
        elif not upper_buttons and lower_buttons:
            cage_direction.set("下降")
    # 現在の移動方向が"上昇"の場合
    elif cd == "上昇":
        # より下の階のボタンだけが押されている場合(パターン7)
        if not upper_buttons and lower_buttons:
            cage_direction.set("下降")
        # より上・下の階のボタンの両方とも押されていない場合(パターン8)
        elif not upper_buttons and not lower_buttons:
            cage_direction.set("未定")
    # 現在の移動方向が"下降"の場合
    else:
        # より上の階のボタンだけが押されている場合(パターン10)
        if upper_buttons and not lower_buttons:
            cage_direction.set("上昇")
        # より上・下の階のボタンの両方とも押されていない場合(パターン12)
        elif not upper_buttons and not lower_buttons:
            cage_direction.set("未定")
```

リスト4-2では、パターン1、2、3、7、8、10、12の条件をチェックし、それぞれに合わせた動作を行っています。同じ動作を行う条件をまとめれば、プログラムを短く記述することもできますが、ここではわかりやすさを優先して、決定表の通りにしてあります（以降で示すプログラムでも同様です）。

次は、扉を開くdoor_control関数です。扉を開く条件と動作は、カゴ内のボタンで処理を行う場合と、各階の［↑］［↓］ボタンで処理を行う場合に分けることにします。

カゴ内のボタンで処理を行う場合は、「現在位置のカゴ内のボタンが押されているか」という条件がTrueなら、「扉を開いてボタンの選択を解除する」という動作を行うだけなので、決定表を書く必要はないでしょう。

各階の［↑］［↓］ボタンで処理を行う場合は、「現在位置で上昇ボタンが押されているか」「現在位置で下降ボタンが押されているか」および「現在の移動方向」という条件の組み合わせで、2×2×3＝12通りのパターンがあるので、決定表を書いて整理することにしましょう。図4-5に決定表の例を示します。

	パターン	1	2	3	4	5	6	7	8	9	10	11	12
条件	現在位置で上昇ボタンが押されているか	True	True	True	True	True	True	False	False	False	False	False	False
	現在位置で下降ボタンが押されているか	True	True	True	False	False	False	True	True	True	False	False	False
	現在の移動方向	未定	上昇	下降	未定	上昇	下降	未定	上昇	下降	未定	上昇	下降
動作	扉を開いてボタンの選択を解除する	する	する	する	する	する	しない	する	しない	する	しない	しない	しない
	移動方向の変更（上昇優先）	上昇	(なし)	(なし)	上昇	(なし)	(なし)	下降	(なし)	(なし)	(なし)	(なし)	(なし)

図4-5　door_control関数で各階の［↑］［↓］ボタンで処理を行う場合の決定表の例

この決定表では、処理を行うパターン（パターン1、2、3、4、5、7、9）の背景を青色にしています。この決定表での「動作」は、「扉を開いてボタンの選択を解除する」と「移動方向の変更（上昇優先）」の2つです。

それでは、この決定表からプログラムを作ります。リスト4-3は、図4-5の決定表に合わせて記述したdoor_control関数の処理内容です。

リスト4-3　door_control関数の処理内容

```
def door_control():
    door_open = False                      # 扉を開いたらTrueにする
    cp = cage_position.get()               # カゴの現在位置
    cd = cage_direction.get()              # 現在の移動方向
    fub = floor_up_buttons[cp].get()       # 現在位置の[↑]の選択
    fdb = floor_down_buttons[cp].get()     # 現在位置の[↓]の選択

    #  現在位置のカゴ内ボタンが押されている場合
    if cage_buttons[cp].get():
        door_open = True                   # 扉を開く
        cage_buttons[cp].set(False)        # ボタンの選択を解除

    # 以下は、決定表に合わせた処理
    # 現在位置の[↑]と[↓]ボタンの両方が押されている場合
    if fub and fdb:
        # 現在の移動方向が"未定"の場合(パターン1)
        if cd == "未定":
            door_open = True                       # 扉を開く
            floor_up_buttons[cp].set(False)        # ボタンの選択を解除
            cage_direction.set("上昇")             # 移動方向を"上昇"に
        # 現在の移動方向が"上昇"の場合(パターン2)
        elif cd == "上昇":
            door_open = True                       # 扉を開く
            floor_up_buttons[cp].set(False)        # ボタンの選択を解除
        # 現在の移動方向が"下降"の場合(パターン3)
        else:
            door_open = True                       # 扉を開く
            floor_down_buttons[cp].set(False)      # ボタンの選択を解除
    # 現在位置の[↑]ボタンだけが押されている場合
    elif fub and not fdb:
        # 現在の移動方向が"未定"の場合(パターン4)
        if cd == "未定":
            door_open = True                       # 扉を開く
            floor_up_buttons[cp].set(False)        # ボタンの選択を解除
            cage_direction.set("上昇")             # 移動方向を"上昇"に
        # 現在の移動方向が"上昇"の場合(パターン5)
        elif cd == "上昇":
            door_open = True                  # 扉を開く
```

次ページに続く

```
            floor_up_buttons[cp].set(False)     # ボタンの選択を解除
    # 現在位置の[↓]ボタンだけが押されている場合
    elif not fub and fdb:
        # 現在の移動方向が"未定"の場合(パターン7)
        if cd == "未定":
            door_open = True                    # 扉を開く
            floor_down_buttons[cp].set(False)   # ボタンの選択を解除
            cage_direction.set("下降")          # 移動方向を"下降"に
        # 現在の移動方向が"下降"の場合(パターン9)
        elif cd == "下降":
            door_open = True                    # 扉を開く
            floor_down_buttons[cp].set(False)   # ボタンの選択を解除

    # 扉を開く
    if door_open:
        #「扉を開きました。」というメッセージボックスを表示する
        messagebox.showinfo("エレベータ", "扉を開きました。")

    # 扉を開いたらTrueを返す
    return door_open
```

リスト4-3では、カゴ内のボタンの条件に応じた処理を行ってから、各階の［↑］［↓］ボタンでパターン1、2、3、4、5、7、9の条件をチェックし、それぞれに合わせた動作を行っています。

最後は、カゴを移動するcage_control関数です。この関数は、「現在の移動方向が“上昇”で、かつ、“現在位置 ＜ 最上階”」なら「カゴを1つ上に進める」、「現在の移動方向が“下降”で、かつ、“現在位置 ＞ 最下階”」なら「カゴを1つ下に進める」、どちらでもない（カゴの移動を行えない）なら「『行先ボタンを押してください。』というメッセージボックスを表示する」という3つのパターンだけなので、決定表を書く必要はないでしょう。

リスト4-4に、cage_control関数の処理内容を示します。

リスト4-4　cage_control関数の処理内容

```
def cage_control():
    cp = cage_position.get()              # カゴの現在位置
    cd = cage_direction.get()             # 現在の移動方向

    # 現在の移動方向が"上昇"で、かつ、現在位置<最上階の場合
    if cd == "上昇" and cp < TOP_FLOOR:
        # カゴを1つ上に進める
        cage_position.set(cp + 1)
    # 現在の移動方向が"下降"で、かつ、現在位置>最下階の場合
    elif cd == "下降" and cp > 1:
        # カゴを1つ下に進める
        cage_position.set(cp - 1)
    # カゴの移動を行えない場合
    else:
        #「行先ボタンを押してください。」というメッセージボックスを表示する
        messagebox.showinfo("エレベータ", "行先ボタンを押してください。")
```

▶プログラムの動作を確認する

これで、プログラムが完成しました。動作を確認してみましょう。

ここでは、図4-2と同様に、「カゴが1Fにあり、カゴの中にいる人は5Fのボタンを押していて、3Fでカゴを待っている人は下降ボタンを押している」という状況を設定します。

プログラムを起動したら、図4-6の（1）のように、「カゴの現在位置」を［1F］に、カゴの移動方向を［未定］に、「カゴ内のボタン」を［5］に、「各階のボタン」の3Fの［↓］を選択状態に、それぞれ設定してください。この状態で、［次の動作］ボタンをクリックしていくと、図4-6の（1）→（2）→（3）→（4）の順番に画面が変わっていきます。

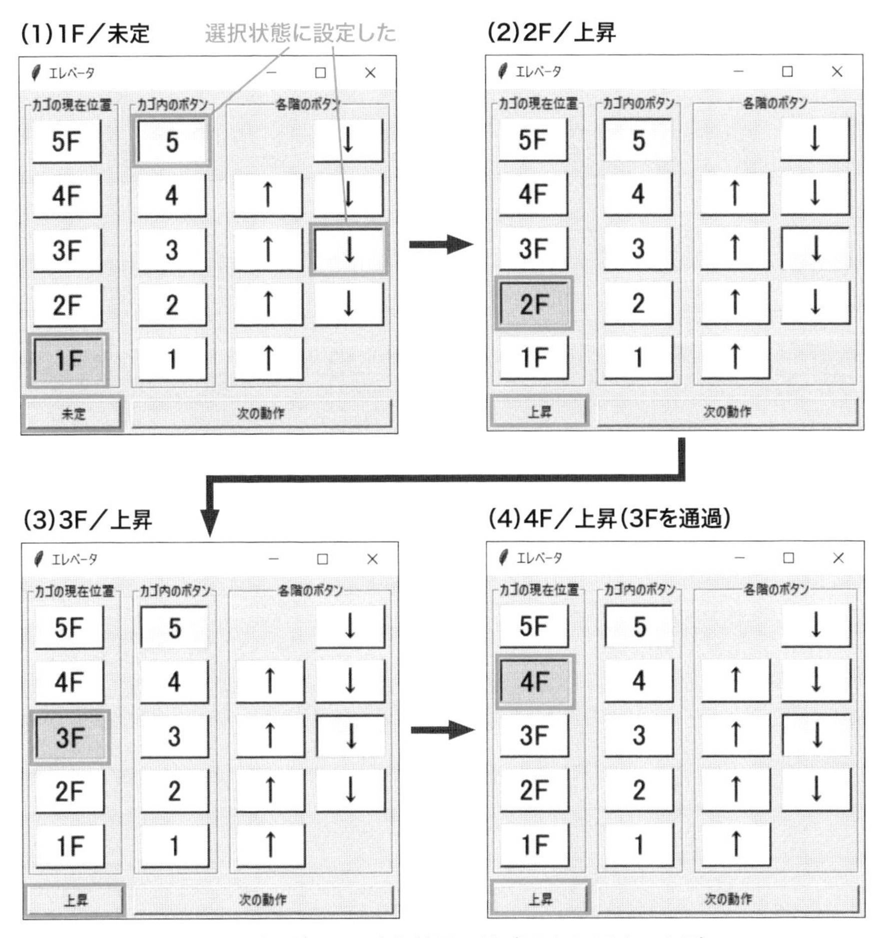

図4-6　プログラムの実行結果の例（1Fから4Fまで上昇）

図4-6の（1）～（3）では、「カゴの現在位置」が［1F］→［2F］→［3F］と徐々に上昇していっています。カゴの移動方向も［上昇］と表示されています。

（4）で「カゴの現在位置」は［4F］に上昇しています。3Fには下降するカゴを待っている人がいますが、3Fで扉を開かずに通過し、上昇を続けていることがわかります。

（4）の画面で［次の動作］ボタンをクリックしていくと、図4-7の（5）→（6）の順番に画面が変わっていきます。

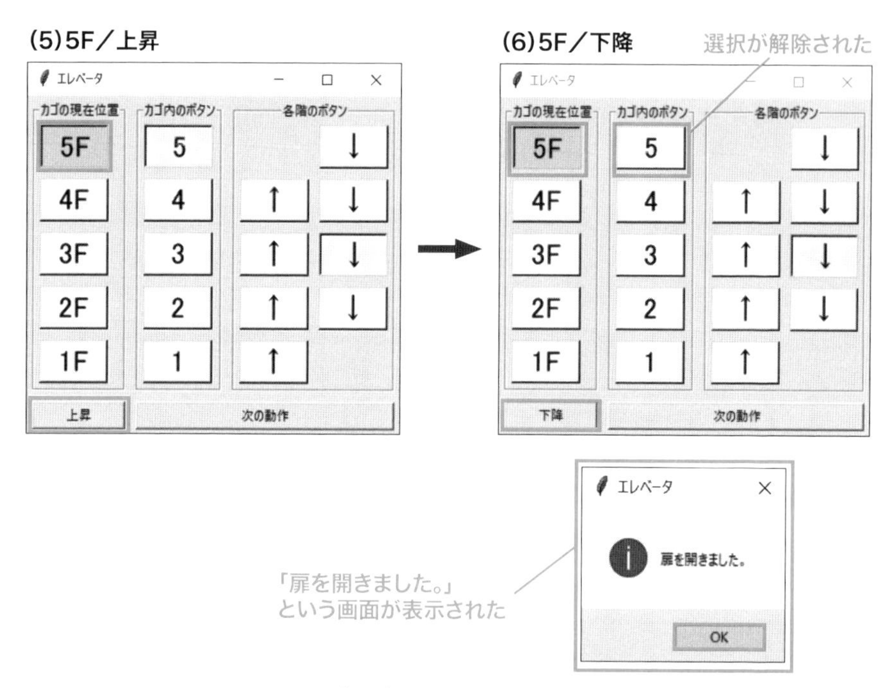

図4-7　プログラムの実行結果の例（5F）

図4-7の（5）では、「カゴの現在位置」は［5F］に上昇しています。「カゴ内のボタン」は「5」を押しているので、カゴの中にいる人にとっては5Fが目的地です。

（6）では、［5F］で「扉を開きました。」というメッセージボックスが表示され、「カゴ内のボタン」の「5」の選択は解除されました。さらに、カゴの移動方向が［下降］に変わっています。

（6）の画面で［次の動作］ボタンをクリックしていくと、図4-8の（7）→（8）→（9）→（10）の順番に画面が変わっていきます。

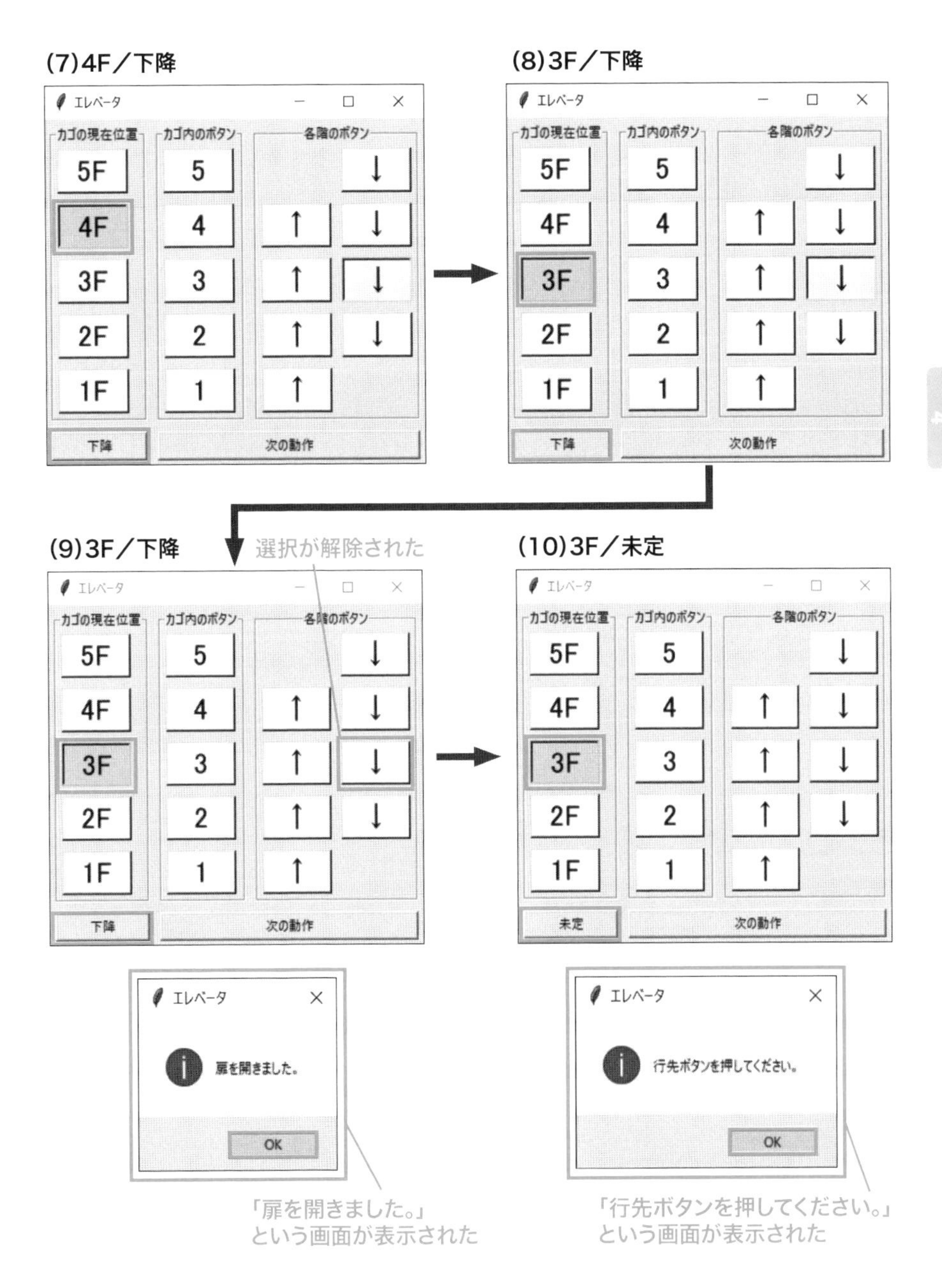

図4-8　プログラムの実行結果の例（4Fから3Fまで下降）

図4-8の（7）～（8）では、「カゴの現在位置」は［4F］→［3F］と下降していっています。カゴの移動方向も［下降］のままです。3Fには下降するカゴを待っている人がいます。

（9）では、［3F］で「扉を開きました。」というメッセージボックスが表示され、「各階のボタン」の3Fの［↓］の選択が解除されています。3Fで待っていた人は、やっとカゴの中に乗り込むことができました。

（10）では、「行先ボタンを押してください。」というメッセージボックスが表示され、カゴの移動方向が［未定］に変わりました。これは、エレベータの移動方向も行先も指定されていないということです。3Fで待っていた人は、カゴの中で「カゴ内のボタン」を押して行先を指定する必要があります。

◎ハードディスクのアルゴリズムと比べる

ここまでエレベータのアルゴリズムを見てきました。実は、このアルゴリズムは、パソコンの内部でも使われています。どこかわかりますか？

それはハードディスクです。磁気ヘッドの移動順序を決めるアルゴリズムで使われています。どのような構造になっているかを説明します。

▶ハードディスクのアルゴリズム

図4-9にハードディスクの構造を示します。

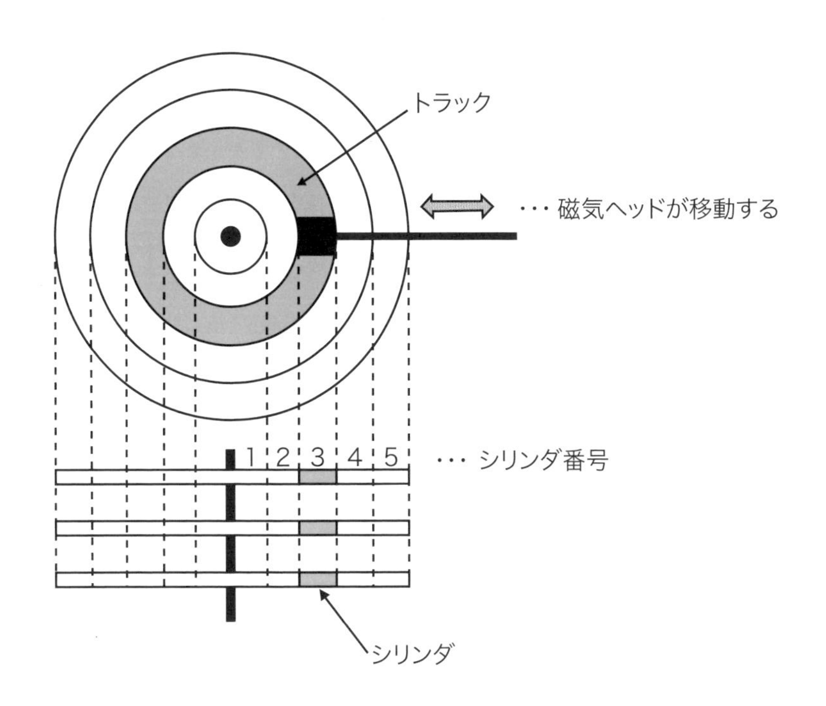

図4-9　ハードディスクの構造

ハードディスクの記憶領域は、図4-9のように同心円状に区切られていて、これを「トラック」と呼びます。陸上競技場のトラックと同様です。複数枚のディスクから構成されている場合は、複数の磁気ヘッドがあり、それぞれのディスクの同じ位置にあるトラックを同時に読み書きでき、これを「シリンダ」と呼びます。同じ位置にあるトラックを縦につなぐと、シリンダ（筒）に見えるからです。

多くの場合、大きなファイルは、複数のシリンダに分断されて記憶されています。したがって、ファイルを読み書きするには、磁気ヘッドがあちこちのシリンダに移動しなければなりません。この移動順序を決めるアルゴリズムが、エレベータのアルゴリズムと同様なのです。

実際のハードディスク装置には、トータルで十万程度のシリンダがありますが、図4-9では、これまで例にしてきた5階建てのビルと同じにするために、シリンダを5つにして、内側から順に1、2、3、4、5という番号を付けています。これらのシリンダが、ビルの1F、2F、3F、4F、5Fに対応し、磁気ヘッドがエレベータのカゴに対応します。

磁気ヘッドの移動順序を決めるアルゴリズムには、SCAN、C-SCAN、LOOK、C-LOOKなどがあります。SCANは、現在の移動方向で末端まで行き、そこから移動方向を逆にします。LOOKは、現在の移動方向で要求のあるシリンダまで行き、そこから移動方向を逆にします。C-SCANとC-LOOKは、末尾まで磁気ヘッドを移動したら、一気に先頭に戻ります。末尾の次が先頭になるので、C（Circularは「循環」という意味です）という接頭辞が付いているのです。

SCAN、C-SCAN、LOOK、C-LOOKの違いを図4-10に示します。磁気ヘッドがシリンダの3の位置にあって、移動方向が1→5であり、そこから、4、2、1のシリンダにあるデータを読み書きする場合を例にしています。

アルゴリズム	磁気ヘッドの移動順序	磁気ヘッドの移動量
SCAN	3→4(R)→5→4→3→2(R)→1(R)	6シリンダ
C-SCAN	3→4(R)→5→1(R)→2(R)	4シリンダ
LOOK	3→4(R)→3→2(R)→1(R)	4シリンダ
C-LOOK	3→4(R)→1(R)→2(R)	3シリンダ

※ (R) という印を付けた部分でデータを読み書きします。
※ C-SCAN と C-LOOK で、末尾から先頭に戻るときは一気に戻るので、移動量を 1 としてカウントしています。

図 4-10　SCAN、C-SCAN、LOOK、C-LOOK の違い

磁気ヘッドの移動量を見ると、C-LOOKが最も効率的であることがわかります。ただし、どのアルゴリズムが効率的になるかは、状況次第です。

末端まで行くSCANやC-SCANより、要求のあるシリンダまでしか行かないLOOKやC-LOOKの方が常に効率的だと思われるかもしれませんが、要求が頻繁に発生する場合は、SCANの方が効率的な場合もあります。

エレベータで例を示しましょう。例えば、5階建てのビルの2Fからカゴが上昇しているとします。現時点で4Fと1Fに要求があるとすれば、LOOKでは4Fまで行ったら下降に切り替わり1Fに向かいます。その直後に、5Fにいる人がボタンを押したらどうなるでしょう。この5Fにいる人は、かなり長い時間待たされることになります。これが、SCANであれば、4Fまで行っても上昇のままなので、その直後に、5Fにいる人がボタンを押せば、その人は、ほとんど待たずにエレベータに乗れます。

◎エレベータのアルゴリズムを変更する

これまで例にしてきたビルのエレベータアルゴリズムは、LOOKに該当します。これをSCANに変更してみましょう。

▶LOOKからSCANにアルゴリズムを変更する

アルゴリズムを変更するためには、カゴの移動方向を設定するdirection_control関数の処理内容を、リスト4-5に書き換えます。変更後のプログラムを、elevator_scan.pyというファイル名で作成してください。

リスト4-5　アルゴリズムをSCANに変更したdirection_control関数の処理内容（elevator_scan.pyの一部）

```
def direction_control():
    cp = cage_position.get()          # カゴの現在位置
    cd = cage_direction.get()         # 現在の移動方向

    # 現在の移動方向が未定なら"上昇"に変更する(上昇優先)
    if cd == "未定":
        cage_direction.set("上昇")

    # カゴが最上階に達したら"下降"に変更する
    if cp == TOP_FLOOR:
        cage_direction.set("下降")
    # カゴが最下階に達したら"上昇"に変更する
    elif cp == 1:
        cage_direction.set("上昇")
```

リスト4-5は、「現在の移動方向が未定なら［上昇］に変更する（上昇優先）」「カゴが最上階に達したら［下降］に変更する」「カゴが最下階に達したら［上昇］に変更する」という単純なアルゴリズムです。LOOKと比べてSCANのコードは、とても短くなっています。

アルゴリズム変更後のプログラムの動作を確認してみましょう。ここでは、「カゴが2Fにあり、移動方向が上昇で、カゴ内の［4］ボタンと［1］ボタンが選択されている」「カゴが4Fに達して、扉が閉まった直後に、5Fで［↓］ボタンが選択される」という状況を設定します。

［次の動作］ボタンを押していくと、4Fまで上昇して扉が開くところまでは、変更前と変更後のプログラムの動作に違いはありません。この直後に5Fで［↓］ボタンを選択すると、変更前のプログラムでは、カゴが1Fに下降してから5Fへと上昇します。したがって、5Fにいる人は、かなり長い時間待たされます。それに対して変更後のプログラムでは、カゴが5Fに上昇してから1Fに下降するので、5Fにいる人はほとんど待たされません。

図4-11に、それぞれのカゴの移動順序を示します。

図4-11　設定した状況におけるLOOKとSCANのカゴの移動順序

5Fにいる人には、LOOKよりSCANの方が効率的であることがわかります。ただし、1Fにいる人には、SCANよりLOOKの方が効率的です。出社、昼食、退社の混み合う時間帯はSCANにして、その他の利用者の少ない時間帯はLOOKにする、というようにアルゴリズムを使い分けるとよいでしょう。

5章

お釣りの硬貨の枚数を最小にする

5章のポイント！

自動販売機に千円札を入れて飲み物を買ったときに、お釣りがすべて10円玉で出てきたら困りますよね。お釣りの硬貨の枚数は少なくしてほしいものです。

ある金額をできるだけ小さい（少ない）枚数の硬貨にするとき、その枚数を求める問題を「コイン問題」と呼びます。本章では、コイン問題を解く様々なアルゴリズムを紹介します。

本章の流れ

❶大きい順に選ぶアルゴリズム

お釣りの金額を最小枚数の硬貨で返すとき、日常生活では、額面の大きい硬貨から順番に選んでいくでしょう。これは、「**貪欲法**」というアルゴリズムです。まずは、貪欲法でコイン問題を解くプログラムを作ります。

❷すべての組み合わせをチェックするアルゴリズム

貪欲法では正解が得られない問題もあります。そのときにまず思いつくのが、すべての硬貨の組み合わせをチェックする「**力まかせ法**」というアルゴリズムです。しかし、力まかせ法は効率が良いとは言えません。

❸大きな問題を小さな問題に分割するアルゴリズム

より効率的なアルゴリズムを紹介します。ここでは「**動的計画法**」を使ってコイン問題を解くプログラムを作ります。

❹アルゴリズムの効率を比較する

動的計画法で作ったプログラムは、ほかのアルゴリズムよりも効率的なのでしょうか。最後に、力まかせ法で作ったプログラムと比較し、効率の良さを確認します。

5章 お釣りの硬貨の枚数を最小にする

自動販売機に1000円札を投入して、130円の飲み物を購入したとします。お釣りは、870円ですが、これを10円硬貨87枚で返されたら迷惑でしょう。できるだけ少ない枚数にしてほしいと思うはずです。それでは、硬貨の最小枚数（最少枚数）は何枚でしょうか。このような問題は「コイン問題（Coin Changing Problem）」と呼ばれます。

本章では、コイン問題を解くアルゴリズムとして「貪欲法」「力まかせ法」「動的計画法」の3つを紹介します。

◎ 大きい順に選ぶアルゴリズム

コイン問題とは、「額面がc1、c2、c3、……、cmのm種類の硬貨を使ってn円を支払うときの、硬貨の最小枚数を求めよ（同じ硬貨を何枚使ってもよい）」という問題です。先ほどの自動販売機の例では、「額面が10円、50円、100円、500円の4種類の硬貨を使って870円を支払うときの、硬貨の最小枚数を求めよ」という問題になります。ここでは、商品の金額が10円単位であり、1円と5円の硬貨を使う必要はないとします（飲み物の自動販売機もだいたいそうですよね）。

おそらく、何も説明しなくても「額面の大きい順に硬貨を選ぶ」というアルゴリズムを思いつくでしょう。870円では、500円を1枚、100円を3枚、50円を1枚、10円を2枚と選んで、全部で7枚になります。実は、それで正解です。

▶「貪欲法」でコイン問題を解く

大きい順に選ぶアルゴリズムのことを「貪欲法（greedy algorithm）」と呼びます。貪欲になって大きい順に選ぶのです。

図5-1に、貪欲法で硬貨の最小枚数を得るまでの計算の手順を示します。

870 // 500 = 1　　……　500円硬貨を1枚使う(枚数の合計は1枚)
870 % 500 = 370　……　残りの金額は370円

370 // 100 = 3　　……　100円硬貨を3枚使う(枚数の合計は1+3=4枚)
370 % 100 = 70　　……　残りの金額は70円

70 // 50 = 1　　……　50円硬貨を1枚使う(枚数の合計は4+1=5枚)
70 % 50 = 20　　……　残りの金額は20円

20 // 10 = 2　　……　10円硬貨を2枚使う(枚数の合計は5+2=7枚)
20 % 10 = 0　　……　残りの金額は0円

硬貨の最小枚数は7枚

図5-1　貪欲法で硬貨の最小枚数を得るまでの手順

金額nを硬貨の額面cで割った商[*1]は、その硬貨を使う枚数になります。金額nを硬貨の額面cで割った余り[*2]は、その硬貨を使って支払った残りの金額になります。したがって、これらの処理を繰り返せば、それぞれの硬貨を使用する枚数がわかり、それらを集計して硬貨の最小枚数を得ることができます。

それでは、このアルゴリズムでプログラムを作ってみましょう。リスト5-1は、貪欲法でコイン問題を解くプログラムです。greedy.pyというファイル名で作成してください。

リスト5-1　貪欲法でコイン問題を解くプログラム（greedy.py）

```
# 貪欲法でコイン問題を解く関数の定義
def greedy(coin_list, n):
    # 硬貨のリストを大きい順にソートする
    coin_list.sort(reverse=True)
```

次ページに続く

*1 割り算の商を求める式は「//」という演算子を使って表しています。「//」は、除算を行い、小数点以下をカットするPythonの演算子です。
*2 割り算の余りを求める式は「%」という演算子を使って表しています。「%」は整数の除算の余りを求めるPythonの演算子です。

```
    # 硬貨の枚数を初期化する
    coin_num = 0
    # 硬貨のリストから大きい順に取り出す
    for c in coin_list:
        # 取り出した硬貨を使用する枚数を求めて集計する
        coin_num += n // c
        # 残りの金額を更新する
        n %= c
    # 硬貨の枚数を返す
    return coin_num

# メインプログラム
if __name__ == '__main__':
    # greedy関数を呼び出し、戻り値を画面に表示する
    print(greedy([10, 50, 100, 500], 870))
```

図5-2に実行結果を示します。「7」という正解が得られました。

図5-2　リスト5-1のプログラム（greedy.py）の実行結果

リスト5-1の内容を説明しましょう。このプログラムは、貪欲法でコイン問題を解くgreedy関数と、greedy関数を呼び出して戻り値を画面に表示するメインプログラムから構成されています。

greedy関数の引数coin_listには硬貨の額面のリストを指定し、引数nには支払い金額を指定します。greedy関数は、硬貨の最小枚数を返します。

ここで注目してほしいのは、「coin_num += n // c」と「n %= c」の部分です。ここでは、図5-1に示した手順で処理を繰り返しています。

◎ すべての組み合わせをチェックするアルゴリズム

架空の話ですが、新たに額面が400円の硬貨が発行されたらどうなるでしょうか。

10円、50円、100円、400円、500円の5種類の硬貨を使って870円を支払う

ときの最小枚数は、400円を2枚、50円を1枚、10円を2枚であり、全部で5枚が正解です。ところが貪欲法で問題を解くと、500円を1枚、100円を3枚、50円を1枚、10円を2枚と選んで全部で7枚になってしまいます（図5-3）。つまり、貪欲法というアルゴリズムは、あらゆる種類の硬貨で正解が得られるものではないのです。

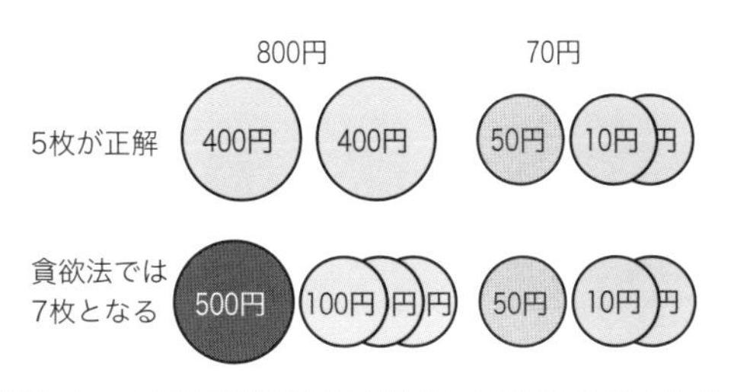

図5-3　400円硬貨がある場合の870円の最小枚数

それでは、あらゆる種類の硬貨で正解を得るにはどうしたらよいでしょうか。

おそらく「すべての硬貨の組み合わせをチェックする」というアルゴリズムを思いつくでしょう。それも正解の1つです。ただし、必ずしも効率が良いとは言えません。ですので、のちほどより効率的なアルゴリズムを紹介します。

▶「力まかせ法」でコイン問題を解く

すべての組み合わせをチェックするアルゴリズムのことを「力まかせ法（brute force algorithm）」と呼びます。コンピュータの力を使って、すべての組み合わせをチェックするのです。

リスト5-2は、力まかせ法でコイン問題を解くプログラムです。bruteforce.pyというファイル名で作成してください。なお、このプログラムは、一般化したコイン問題を解くものではありません。「額面が10円、50円、100円、400円、500円の5種類の硬貨を使って870円を支払うときの、硬貨の最小枚数を求めよ」という問題を解くことに特化したプログラムです。

リスト5-2　力まかせ法でコイン問題を解くプログラム（bruteforce.py）

```
max10 = 870 // 10     # 10円だけで支払える最大枚数
max50 = 870 // 50     # 50円だけで支払える最大枚数
max100 = 870 // 100   # 100円だけで支払える最大枚数
max400 = 870 // 400   # 400円だけで支払える最大枚数
max500 = 870 // 500   # 500円だけで支払える最大枚数

# 枚数の最小値を無限大に初期化する
coin_num = float("inf")

# 5重の繰り返し処理ですべての組み合わせをチェックする
# 10円の枚数(0枚～最大枚数)
for num10 in range(0, max10 + 1):
    # 50円の枚数(0枚～最大枚数)
    for num50 in range(0, max50 + 1):
        # 100円の枚数(0枚～最大枚数)
        for num100 in range(0, max100 + 1):
            # 400円の枚数(0枚～最大枚数)
            for num400 in range(0, max400 + 1):
                # 500円の枚数(0枚～最大枚数)
                for num500 in range(0, max500 + 1):
                    # 金額が870円と一致したとき
                    if 10 * num10 + 50 * num50 + 100 * num100 ¥
                        + 400 * num400 + 500 * num500 == 870:
                        # 硬貨の枚数を求める
                        num = num10 + num50 + num100 + num400 ¥
                            + num500
                        # 枚数の最小値を更新する
                        if coin_num > num:
                            coin_num = num

# 枚数の最小値を表示する
print(coin_num)
```

リスト5-2の内容を説明しましょう。5重の繰り返し処理で、5種類の硬貨すべての組み合わせをチェックしています。それらの組み合わせの中で、金額が870円と一致したときに硬貨の枚数を求め、枚数の最小値を更新します。最終的に最小値に残ったのが硬貨の最小枚数です。まさに力業ですね。

枚数の最小値は「coin_num = float("inf")」で、初期値として無限大（infinity）を表すfloat型のinfという値を入れ、より小さい値が見つかれば、その時点で更新されます。

図5-4に実行結果を示します。「5」という正解が得られました。

図5-4　リスト5-2のプログラム（bruteforce.py）の実行結果

◎ 大きな問題を小さな問題に分割するアルゴリズム

さて、ここからが本章のメインです。力まかせ法でコイン問題を解きましたが、これで終わりでは楽しくありません。アルゴリズムの醍醐味は、より効率的なアルゴリズムを見いだすことにあるからです。

先ほどの力まかせ法では、10円、50円、100円、400円、500円の枚数を指定するfor文の繰り返し回数がそれぞれ88回、18回、9回、3回、2回あり、全部で88×18×9×3×2＝8万5536回もの繰り返し処理が行われます。より効率的に正解を得るには、どうしたらよいでしょうか。

▶「動的計画法」の手順

ここでは、「まず10円だけを使った正解を得る」「次に50円までを使った正解を得る」「次に100円までを使った正解を得る」「次に400円までを使った正解を得る」「次に500円までを使った正解を得る」というアルゴリズムを使うことにします。このように、与えられた大きな問題をいくつかの小さな問題に分割して、その小さな問題の正解の記録を利用して大きな問題を解くアルゴリズムを、「動的計画法（Dynamic Programming、略称DP)」と言います。多くの場合、小さな問題の正解は表形式で記録するので、「DPテーブル」と呼びます。DPテーブルを利用して効率的に問題を解くのです。

動的計画法でコイン問題を解くアルゴリズムを説明しましょう。ここでは、わかりやすく説明するために、問題を単純にして「額面が1円、3円、4円、5円の4種類の硬貨を使って7円を支払うときの、硬貨の最小枚数を求めよ」とします。貪欲法を使うと5円を1枚、1円を2枚、全部で3枚になりますが、これは正解ではありません。正解は、4円を1枚、3円を1枚、全部で2枚です。

図5-5は、この問題を解くためのDPテーブルを作成して初期値を入れたものです。後で示すプログラムでは、このDPテーブルをdpという2次元リスト（リストを要素としたリスト）で表現します。

支払い金額 →

i(c[i]円硬貨) \ j(j円)	0(0円)	1(1円)	2(2円)	3(3円)	4(4円)	5(5円)	6(6円)	7(7円)
0(0円硬貨)	0	INF	INF	INF	INF	INF	INF	INF
1(1円硬貨)	0							
2(3円硬貨)	0							
3(4円硬貨)	0							
4(5円硬貨)	0							

使用する硬貨 ↓

INF：無限大

ここに正解が得られる

図5-5　初期状態のDPテーブル

図5-5のテーブルの縦方向のiは使用する硬貨の種類の順番で、iをインデックスとしたリストc[i]で「c[i]円硬貨」を表します。例えば、2番目のc[2]は3円硬貨、3番目のc[3]は4円硬貨のこととなります。一方、横方向のjは支払い金額を0円から7円まで1円刻みで並べたものです。

DPテーブルの個々の枠には、「c[i]円硬貨」までを使って「j円」を支払う場合の硬貨の最小枚数が入ります。ここで気をつけなければいけないのは、このときの枚数は、必ずしも「c[i]円硬貨」（i番目の行の種類の硬貨）だけの枚数ではないということです。i番目の硬貨とそれよりも上の行の硬貨を使って「j円」を支払う場合の合計枚数です。それらの硬貨を組み合わせた場合の最小枚数がすべての枠に入るので、DPテーブルの枠を全部埋めれば、1円、3円、4円、5円の4種類の硬貨を組み合わせて7円を支払うときの最小枚数がDPテーブルの右下の枠に得られるというわけです。

DPテーブルにi＝0の硬貨（つまり0円硬貨）があったり、j＝0の支払い（つまり支払い金額0円）があったりするのは、アルゴリズムの手順上、必要なためです。DPテーブルには、これらの初期値として支払い金額0円の枚数はすべて0枚、0円硬貨を使って1～7円を支払う枚数は無限大（INF）を設定しています。

DPテーブルの個々の枠（dp[i][j]枠）を埋める手順を図5-6に示します。

ループI

【手順1】
「c[i]円硬貨」のiを1～4に変化させて繰り返します。
(つまり、1円硬貨、3円硬貨、4円硬貨、5円硬貨の順に繰り返す)

ループII

【手順2】
支払い金額「j円」のjを1～7に変化させて繰り返します。
(つまり、支払い金額1円、2円、3円、4円、5円、6円、7円の順に繰り返す)

【手順3】
現在の「c[i]円硬貨」が現在の支払い金額「j円」より大きい(つまり「c[i]円硬貨」は1枚も使えない)場合は、1つ前の「c[i − 1]円硬貨」までを使ったときの枚数(dp[i − 1][j]、つまり直上の枠の枚数)をコピーしてdp[i][j]枠に入れます。

【手順4】
手順3の条件が成り立たない場合は、1つ前の「c[i − 1]円硬貨」までを使ったときの枚数(つまり直上の枠の枚数)と、dp[i][j − c[i]] + 1枚(つまり、現在の支払い金額「j円」から現在の「c[i]円硬貨」の額面を引いた枠の枚数に「c[i]円硬貨」の1枚を足した枚数)を比較し、小さい方をdp[i][j]枠に入れます。

【手順5】
j＝7(支払い金額7円)までの処理が完了したらループを抜けます。そうでない限り、手順2に戻ります。

【手順6】
i=4(5円硬貨)までの処理が完了したらループを抜けます。そうでない限り、手順1に戻ります。

【手順7】
DPテーブルの枠を埋める手順が完了します。

図5-6　DPテーブルの枠（dp[i][j]枠）を埋める手順

図5-6の手順3と手順4は少々複雑ですが、じっくり考えてみると意味を理解することができるでしょう。

手順3では、支払い金額「j円」よりも「c[i]円硬貨」の額面が大きいのですから、「c[i]円硬貨」は1枚も使えません。そのため、現在の「c[i]円硬貨」の前、「c[i – 1]円硬貨」までを使ったときの枚数（直上の枠の枚数）が正解というわけです。一方、手順3の条件が成り立たない場合が手順4です。

手順4では、支払い金額「j円」が「c[i]円硬貨」の額面以上なので、少なくとも「c[i]円硬貨」を1枚は使えるはずです。そこで、まずは支払い金額「j円」から「c[i]円硬貨」の額面分を引いたときに使っていた枚数（dp[i][j – c[i]]）に「c[i]円硬貨」1枚を加えた枚数を計算します。しかし、「c[i]円硬貨」を新たに使うことで逆に枚数が増えてしまっては元も子もありません。そのため、「c[i]円硬貨」を使う前、つまり「c[i－1]円硬貨」までを使ったときの枚数（直上の枠の枚数）と比べて、少ない方を正解とするのです。

▶「動的計画法」でコイン問題を解く

頭の中だけで考えるよりも、実際に手を動かしてみた方が理解が進みます。図5-6の手順をよく見て、i＝1、j＝1から順に、図5-5の空白の枠を手作業で埋めていってみてください。

少しだけお手伝いしましょう。図5-7に、3円硬貨までを使って4円を支払う（i＝2、j＝4）ときの手順を例として示します。

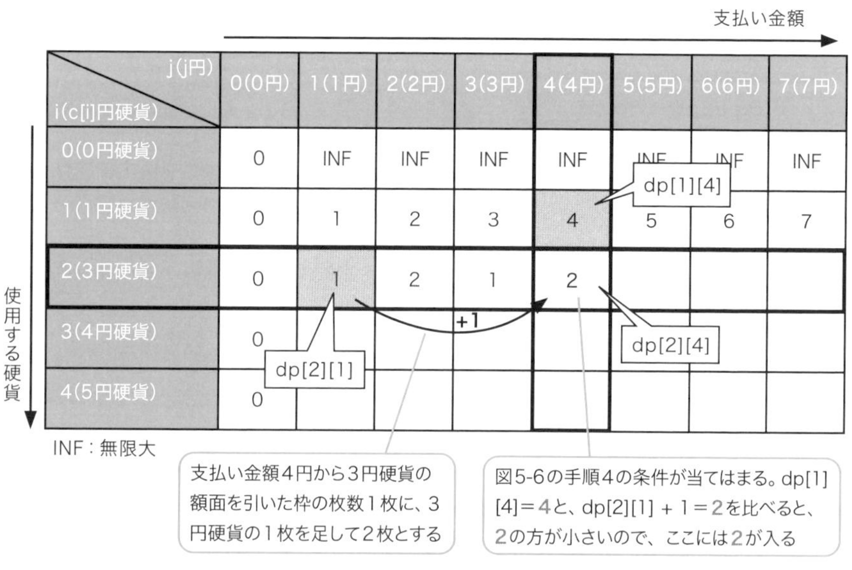

i(c[i]円硬貨) \ j(j円)	0(0円)	1(1円)	2(2円)	3(3円)	4(4円)	5(5円)	6(6円)	7(7円)
0(0円硬貨)	0	INF	INF	INF	INF	INF	INF	INF
1(1円硬貨)	0	1	2	3	4	5	6	7
2(3円硬貨)	0	1	2	1	2			
3(4円硬貨)	0							
4(5円硬貨)	0							

図5-7　DPテーブルで3円硬貨までを使って
4円を支払う（i＝2、j＝4）ときの手順を確認

ここは図5-6の手順4の条件が当てはまる枠で、3円硬貨を新たに使った場合の枚数が2枚、3円硬貨を使う前、1円硬貨までを使ったときの枚数が4枚ですので、数が小さい方の2枚が枠に入ります。

どうでしょうか。図5-5の空白の枠をすべて埋めることができたでしょうか。では答え合わせをします。図5-8がDPテーブルの枠を最後まで埋めた状態です。

支払い金額 →

使用する硬貨 ↓

j(j円) / i(c[i]円硬貨)	0(0円)	1(1円)	2(2円)	3(3円)	4(4円)	5(5円)	6(6円)	7(7円)
0(0円硬貨)	0	INF	INF	INF	INF	INF	INF	INF
1(1円硬貨)	0	1	2	3	4	5	6	7
2(3円硬貨)	0	1	2	1	2	3	2	3
3(4円硬貨)	0	1	2	1	1	2	2	2
4(5円硬貨)	0	1	2	1	1	1	2	2

INF：無限大

正解は「2」

図5-8　DPテーブルを最後まで埋めた状態

DPテーブルの右下の枠は「2」となりました。前述のように、1円、3円、4円、5円という4種類の硬貨を使って7円を支払うときの最小枚数は2枚ですから、正解が得られました。

▶「動的計画法」でプログラムを作る

それでは、図5-6の手順をプログラムにして、動的計画法でコイン問題を解いてみましょう。リスト5-3のプログラムを、dynamic.pyというファイル名で作成してください。

リスト5-3　動的計画法でコイン問題を解くプログラム（dynamic.py）

```
INF = float("inf")  # 無限大
dp = []             # リストdp

# 動的計画法でコイン問題を解く関数の定義
def dynamic(coin_list, m, n):
    # 2次元リストdpを作成する
    global dp
    dp = [[None for _ in range(0, n + 1)] for _ ↗
```

次ページに続く

```
in range(0, m + 1)]

    # 硬貨のリストの先頭に0円を追加したリストを作成する
    c = [0] + coin_list

    # 2次元リストdpを初期化する
    for i in range(0, m + 1):
        dp[i][0] = 0
    for j in range(1, n + 1):
        dp[0][j] = INF

    # 2次元リストdpを埋める
    # iを1～mに変化させて繰り返す ―――――【手順1】
    for i in range(1, m + 1):
        # jを1～nに変化させて繰り返す ―――――【手順2】
        for j in range(1, n + 1):         【手順3】
            # 現在の硬貨「c[i]円」が現在の支払い金額「j円」より大きい場合
            if c[i] > j:
                # 1つ前の「c[i - 1]円」までを使ったときの
                # dp[i - 1][j]枚を
                # dp[i][j]に入れる
                dp[i][j] = dp[i - 1][j]
            # そうでない場合 ―――――【手順4】
            else:
                # 1つ前の「c[i - 1]円」までを使ったときの
                # dp[i - 1][j]枚と
                # 現在の「c[i]円」までを使ったときの
                # dp[i][j - c[i]] + 1枚を
                # 比べて、小さい方をdp[i][j]に入れる
                if dp[i - 1][j] > dp[i][j - c[i]] + 1:
                    dp[i][j] = dp[i][j - c[i]] + 1
                else:
                    dp[i][j] = dp[i - 1][j]

    # DPテーブルの右下の枠に得られた正解を返す ―――――【手順7】
    return dp[m][n]

# 2次元リストdpを表示する関数の定義
def show_dp():
    global dp
    for row in dp:
        for col in row:
            print(f"{col}¥t", end="")
```

ループI
ループII

次ページに続く

```
        print()

# メインプログラム
if __name__ == '__main__':
    # dynamic関数を呼び出し、戻り値を画面に表示する
    print(dynamic([1, 3, 4, 5], 4, 7))
    print()

    # show_dp関数を呼び出す
    show_dp()
```

実行結果を図5-9に示します。「2」という正解と、先ほど図5-8に示したものと同じ内容のDPテーブルが表示されました。

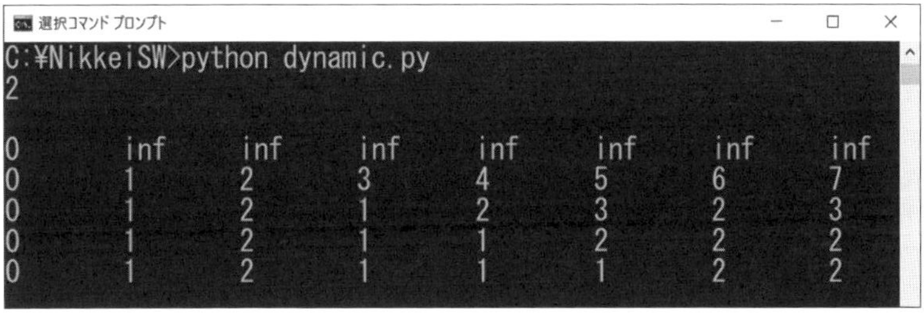

```
選択コマンド プロンプト
C:¥NikkeiSW>python dynamic.py
2

0       inf     inf     inf     inf     inf     inf     inf
0       1       2       3       4       5       6       7
0       1       2       1       2       3       2       3
0       1       2       1       1       2       2       2
0       1       2       1       1       1       2       2
```

図5-9 リスト5-3のプログラム（dynamic.py）の実行結果

リスト5-3の内容を説明しましょう。このプログラムは、無限大を表すグローバル変数INF、DPテーブルを表すグローバルな2次元リストdp、動的計画法でコイン問題を解くdynamic関数、DPテーブルの内容を表示するshow_dp関数、およびメインプログラムから構成されています。

dynamic関数の引数のcoin_list、m、nには、それぞれ硬貨の額面のリスト、硬貨の種類の数、支払い金額を指定します。

dynamic関数では、まずはm行×n列のDPテーブルを作成し、coin_listの先頭に0円を追加したリストcを作成して、先ほど図5-5に示した状態でDPテーブルを初期化します。そして、図5-6に示した手順でDPテーブルをすべて埋め、戻り値としてDPテーブルの右下の枠に得られた正解を返します。

show_dp関数では、DPテーブルの枠の内容をタブで区切って、表形式で表示

しています。

メインプログラムでは、dynamic関数を呼び出して戻り値を画面に表示し、show_dp関数を呼び出してDPテーブルを表示しています。

リスト5-3には、プログラムのどの部分が図5-6の手順に対応するかを示しました。ただし、手順5と手順6は前の処理に戻るだけなので、プログラム中には示していません。

▶硬貨の種類と枚数を求めるように改造する

動的計画法で効率的にコイン問題を解くことができましたが、何となくスッキリしない気分でしょう。それは、硬貨の最小枚数がわかっても、使っている硬貨の種類と枚数がわからないからです。どうしたらよいでしょうか。

DPテーブルの右下の枠に得られた正解から、逆方向にたどって、それぞれの硬貨を使ったかどうかを調べていけばよいのです。そのためには、それぞれの枠に、その枠の枚数が当該行の硬貨（c[i]円硬貨）を使って決定されたかどうかを記録する必要があります。もし当該行の硬貨を使って決定されなかった場合は、直上の枠の枚数（c[i－1]円硬貨までの枚数）をコピーしただけということになります。

リスト5-4は、先ほどのリスト5-3を改造して、どの硬貨を何枚使っているかがわかるようにしたものです。このプログラムをdynamic2.pyというファイル名で作成してください。改造を加えたのは、「【改造】」というコメントを付けた（1）～（9）の部分です。

リスト5-4　どの硬貨を何枚使っているかがわかるようにしたプログラム（dynamic2.py）

```
INF = float("inf")  # 無限大
dp = []             # リストdp
dp2 = []            # 【改造】リストdp2 ―――――――――――――――(1)

# 動的計画法でコイン問題を解く関数の定義
def dynamic(coin_list, m, n):
    # 2次元リストdpを作成する
    global dp
    dp = [[None for _ in range(0, n + 1)] for _ in range(0, m +
1)]
```

次ページに続く

```
    # 【改造】2次元リストdp2を作成する ─────────────────── (2)
    global dp2
    dp2 = [[None for _ in range(0, n + 1)] for _ in range↵
(0, m + 1)]

    # 硬貨のリストの先頭に0円を追加したリストを作成する
    c = [0] + coin_list

    # 2次元リストdpを初期化する
    for i in range(0, m + 1):
        dp[i][0] = 0
    for j in range(1, n + 1):
        dp[0][j] = INF


    # 2次元リストdpを埋める
    # iを1～mに変化させて繰り返す ────────────【手順1】── ループI
    for i in range(1, m + 1):
        # jを1～nに変化させて繰り返す ─────────【手順2】── ループII
        for j in range(1, n + 1):                    【手順3】
            # 現在の硬貨「c[i]円」が現在の支払い金額「j円」より大きい場合
            if c[i] > j:
                # 1つ前の「c[i - 1]円」までを使ったときの
                # dp[i - 1][j]枚を
                # dp[i][j]に入れる
                dp[i][j] = dp[i - 1][j]
                dp2[i][j] = False        # 【改造】 ────── (3)
            # そうでない場合 ──────────────────────【手順4】
            else:
                # 1つ前の「c[i - 1]円」までを使ったときの
                # dp[i - 1][j]枚と
                # 現在の「c[i]円」までを使ったときの
                # dp[i][j - c[i]] + 1枚を
                # 比べて、小さい方をdp[i][j]に入れる
                if dp[i - 1][j] > dp[i][j - c[i]] + 1:
                    dp[i][j] = dp[i][j - c[i]] + 1
                    dp2[i][j] = True     # 【改造】 ────── (4)
                else:
                    dp[i][j] = dp[i - 1][j]                (5)
                    dp2[i][j] = False    # 【改造】

    # 【改造】使った硬貨の枚数を求める ─────────────────── (6)
    coin_num_list = [0] * m # 硬貨の枚数を格納するリストを初期化する
```

次ページに続く

```
    i = m        # 2次元リストdp2の右下の行
    j = n        # 2次元リストdp2の右下の列
    rem = n      # 残金(枠をたどって使った硬貨の額面分だけ減らしていく)
    while rem > 0:
        # その枠の枚数が、当該行の硬貨を使って決定されている場合
        if dp2[i][j]:
            # 使った硬貨の枚数をカウントアップする
            coin_num_list[i - 1] += 1
            # 残金を更新する
            rem -= c[i]
            # 使用した硬貨の額面分だけ前へたどる
            j -= c[i]
        else:
            # 1つ上の枠へたどる
            i -= 1

    # 【改造】DPテーブルの右下の枠に得られた正解と、使った硬貨の枚数を返す
    return dp[m][n], coin_num_list

# 2次元リストdpを表示する関数の定義
def show_dp():
    global dp
    for row in dp:
        for col in row:
            print(f"{col}¥t", end="")
        print()

# 【改造】2次元リストdp2を表示する関数の定義
def show_dp2():
    global dp2
    for row in dp2:
        for col in row:
            print(f"{col}¥t", end="")
        print()

# メインプログラム
if __name__ == '__main__':
    # dynamic関数を呼び出し、戻り値を画面に表示する
    print(dynamic([1, 3, 4, 5], 4, 7))
    print()

    # show_dp関数を呼び出す
    show_dp()
```

(6) (7) (8) (10)

次ページに続く

```
# 【改造】show_dp2関数を呼び出す
print()
show_dp2()
```
(9)
(10)

リスト5-4の（1）（2）では、1DPテーブルを表す2次元リストdpと同じ大きさの2次元リストdp2を作成します。

（3）（4）（5）では、それぞれの枠の枚数が、当該行の硬貨を使って決定された場合は真（True）、そうではなく直上の枠の枚数をコピーした場合は偽（False）と記録します。ここでは、手順3と手順4のところにTrueまたはFalseを記録するコードを追加しています。ここで図5-6を思い出してください。手順3と手順4で「当該行の硬貨を使用するかどうか」を硬貨の枚数算出の判断材料としていましたね。このため、この手順3と手順4のところにコードを追加したというわけです。

リスト5-4の（6）では、使った硬貨の枚数を求めるプログラムを追加し、(8)では、TrueまたはFalseの真偽値の表を表示するプログラムを追加しています。

なお、2次元リストdp2は最初に値をすべて空白（None）にして作成しますので、真偽値の表で、TrueまたはFalseを記録しないi＝0の行とj＝0の列はNoneのままとなります。

リスト5-4の実行結果を図5-10に示します。

```
選択コマンド プロンプト
C:¥NikkeiSW>python dynamic2.py
(2, [0, 1, 1, 0])

0       inf     inf     inf     inf     inf     inf     inf

0       1       2       3       4       5       6       7

0       1       2       1       2       3       2       3

0       1       2       1       1       2       2       2

0       1       2       1       1       1       2       2

None    None    None    None    None    None    None    None
None    True    True    True    True    True    True    True
None    False   False   True    True    True    True    True
None    False   False   False   True    True    False   True
None    False   False   False   False   True    False   False
```

図5-10　リスト5-4のプログラム（dynamic2.py）の実行結果

図5-10の「(2, [0, 1, 1, 0])」という表示は、最小枚数が2枚であり、[1, 3, 4, 5] という硬貨の額面のリストの、3円硬貨1枚と4円硬貨1枚を使っているということを示しています。正解が得られました。その下にはリスト5-3と同じDPテーブルの内容が表示され、さらに真偽値の表が表示されています。

図5-10に示された真偽値の表の内容から、使っている硬貨の種類と枚数を求める仕組みを説明しましょう。図5-11は、DPテーブルの最小枚数を表していた各枠を真偽値に置き換えたものです。

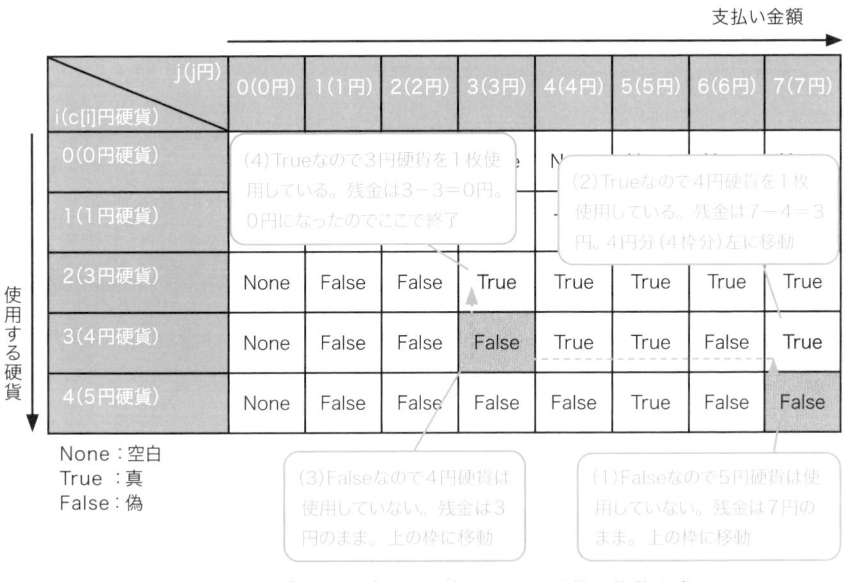

図5-11　DPテーブルをたどって、使っている硬貨の枚数を求める

図5-11の右下の枠（正解の枠）から（1）→（2）→（3）→（4）の順にDPテーブルをたどることで、7円を支払うために使った硬貨の種類と枚数がわかります。

（1）の枠はFalseですから、直上の枠の枚数をコピーしたことを意味します。残金を7円としたまま1つ上の枠に行きます。

（2）の枠はTrueですから、ここで当該行の4円硬貨が使われたことがわかります。残金は7－4＝3円になります。そして、使った4円の分だけ左方向に4枠移動します。

（3）の枠はFalseですから、残金を3円としたまま直上の枠に行きます。

(4) の枠はTrueですから、ここで当該行の3円硬貨が使われており、残金は3−3＝0円となります。残金が0円になったので、たどる処理は終了です。

これで、使っているのが4円硬貨1枚と、3円硬貨1枚だとわかりました。

◎アルゴリズムの効率を比較する

先ほど作った動的計画法でコイン問題を解くプログラムは、ほかのプログラムよりも効率が良いのでしょうか。ここでは、力まかせ法のプログラムと比較します。

▶力まかせ法より効率的なことを確認する

力まかせ法のところで例にした「額面が10円、50円、100円、400円、500円の5種類の硬貨を使って870円を支払うときの、硬貨の最小枚数を求めよ」という問題を、動的計画法で解いてみましょう。

0円から500円を1円刻みにしたDPテーブルを作成するのは大変なので、金額を10分の1にして、「額面が1円、5円、10円、40円、50円の5種類の硬貨を使って87円を支払うときの、硬貨の最小枚数を求めよ」という問題にして解くことにします。さらに、2次元リストdpとdp2の内容がかなり大きくなるので、画面に表示しないことにします。

先ほどのリスト5-4の (10) のメインプログラムの部分を、リスト5-5に示した内容に書き換えてdynamic3.pyというファイル名で作成してください。

リスト5-5　1円、5円、10円、40円、50円の硬貨5種類で
87円を支払うメインプログラム（dynamic3.pyの一部）

```
# メインプログラム
if __name__ == '__main__':
    # dynamic関数を呼び出し、戻り値を画面に表示する
    print(dynamic([1, 5, 10, 40, 50], 5, 87))
```

リスト5-5の実行結果を図5-12に示します。

Chapter 5

図5-12　リスト5-5のプログラム（dynamic3.py）の実行結果

図5-12には、「(5, [2, 1, 0, 2, 0])」が表示されています。これは、最小枚数が5枚であり、[1, 5, 10, 40, 50]という硬貨の額面のリストの、1円硬貨を2枚、5円硬貨を1枚、40円硬貨を2枚使っていることを示しています。

力まかせ法のところで、870円を支払うときの最小枚数の正解は、10円硬貨が2枚、50円硬貨が1枚、400円硬貨が2枚でした。支払い金額と硬貨の額面をそれぞれ10分の1にしているので、正解が得られたというわけです。

動的計画法で解いたときの繰り返し処理の回数は$m \times n = 5 \times 87 = 435$回です。力まかせ法で解いたときのときの8万5536回と比べて、とても効率的になりました。

6章

新宿から秋葉原までの最短経路は？

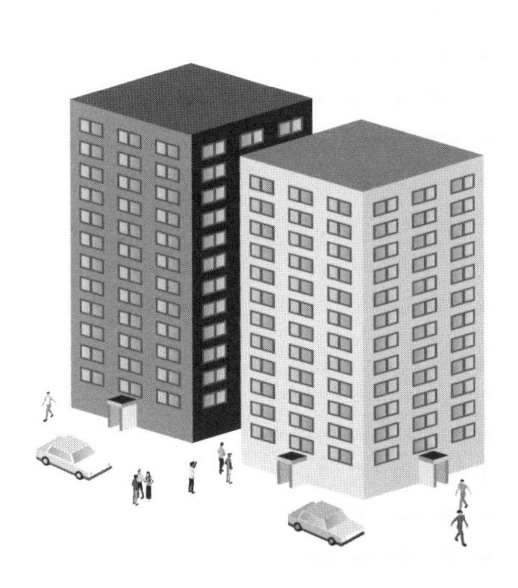

6章のポイント！

電車に乗ってA駅からB駅へ行くときに、いくつかの経路があるとします。どの路線に乗るべきか、どの駅で乗り換えるべきかなどを調べておかないと、目的地までたどり着くのに時間がかかってしまうでしょう。

本章では、いくつかの経路がある路線図で、移動時間が最も短い経路を求めるアルゴリズムを紹介します。

本章の流れ

❶最短経路を求める「ダイクストラ法」 重要

電車でA駅からB駅まで移動するとします。経路がいくつかあるなかで、最短の時間で到着する経路(**最短経路**)を求める「**ダイクストラ法**」というアルゴリズムを紹介します。

❷シンプルな路線図の最短経路を求める

ダイクストラ法の手順でシンプルな路線図の最短経路を求めます。実際に路線図を書き、手作業でアルゴリズムを確認してみましょう。

❸汎用的な問題を解くプログラムを作る

どのような路線図でも最短経路を求められるように、ダイクストラ法を使ったプログラムを作ります。

❹複雑な路線図の最短経路を求める 重要

❸で作ったプログラムで、複雑な路線図の最短経路を求めてみましょう。1つのプログラムでいろいろな問題が解けることがわかります。

6章 新宿から秋葉原までの最短経路は？

JRで新宿駅から秋葉原駅まで移動するとしましょう。総武線、中央線快速、山手線などを使った、いくつかの経路が考えられます。発駅、着駅、乗換駅、および駅間の時間を書き込んだ路線図を図6-1に示します。

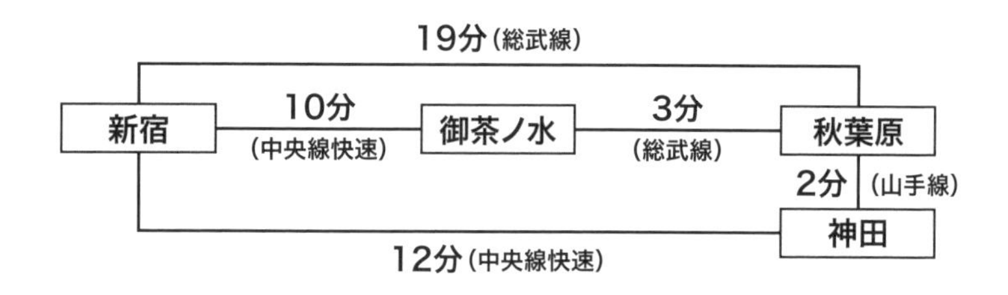

図6-1　新宿駅から秋葉原駅までの路線図

実際の移動では、電車の待ち時間や乗り換え時間がありますが、駅間の時間を加算した値が移動時間であるとして、新宿から秋葉原までの最短経路を求めるプログラムを作ってみましょう。

◎最短経路を求める「ダイクストラ法」

図6-1の路線図を見て、「最短経路は、新宿→御茶ノ水→秋葉原で、移動時間は13分だ。そんなことは、プログラムを作らなくてもわかる！」と思われるかもしれません。確かにその通りなのですが、シンプルな例でアルゴリズムを理解して、汎用的なプログラムを作れば、それを複雑な問題にも利用できます。本章の最後に、複雑な問題の例を示します。

ここで使うアルゴリズムは、「ダイクストラ法（Dijkstra's algorithm）」と呼ばれるものです。1959年に、オランダの計算機科学者であるエドガー・ダイクストラによって考案されました。すべての経路をしらみつぶしに調べることなく、効率的に最短経路を求められる素晴らしいアルゴリズムです。

▶ダイクストラ法の手順

アルゴリズムを理解するために、紙の上に路線図を描いて、ダイクストラ法を手作業でやってみましょう。後で作成するプログラムでは、それぞれの駅に「番号（リストの添字）」「発駅からその駅までの時間」「経路における直前の駅の番号(経路をたどるために必要です)」「その駅までの最短経路が確定しているかどうか」という4つの情報を持たせます。これらの情報の更新を、発駅からすべての駅への最短経路が確定するまで繰り返すことで、発駅から着駅までの最短経路が求められるのです。手作業でも、同じことをやります。

図6-2を見てください。これは、図6-1の路線図の駅の枠を大きくして、それぞれの駅に4つの情報の初期値を書き込んだ図です。

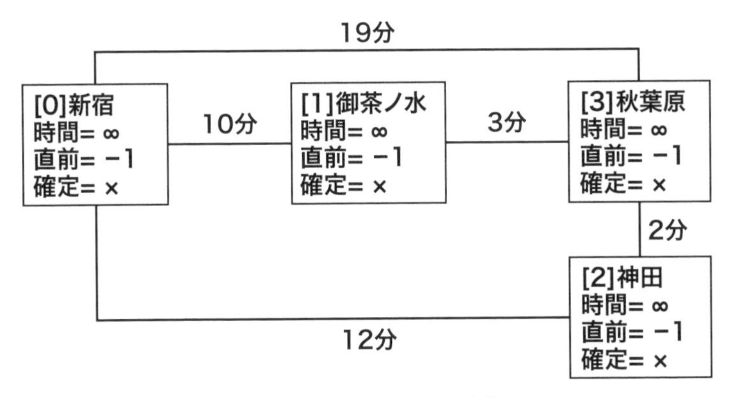

図6-2　初期値を設定した路線図

図6-2では、0から始まる[]で囲んだ数値が、駅の「番号」を示しています。「発駅からその駅までの時間」「経路における直前の駅の番号」「その駅までの最短経路が確定しているかどうか」をそれぞれ、「時間」「直前」「確定」という短い言葉で表して、「＝」の右辺に現在の値を示しています。

「時間」の初期値は、∞（無限大）にします。こうすれば、後でより小さい値に更新されます。

「直前」の初期値は、-1にします。駅の番号を0から始まる値にしているので、-1なら「直前」の値が設定されていないことを示せます。

「確定」の初期値は、確定していないことを意味する×にします。確定したら、○に更新します。

それでは、ダイクストラ法の手順を以下に示します。読んだだけでは、よくわからないかもしれませんが、この手順通りに新宿駅から秋葉原駅への最短経路を求めれば、「なるほど、そういうことか！」と納得していただけるはずです。

ダイクストラ法の手順

【手順1】発駅の「時間」を0に設定する。

【手順2】「確定」が×の駅の中で、「時間」が最も小さい駅の「確定」を○に設定する。「確定」が×の駅がないなら、手順5に進む

【手順3】手順2で新たに「確定」が○になった駅に直接つながっていて、かつ、「確定」が×の駅で、「時間」を求める。それがそれまでの「時間」より小さければ、「時間」と「直前」を更新する。

【手順4】手順2に戻る

【手順5】着駅から発駅まで「直前」をたどり、それを逆順にして、発駅から着駅の最短経路を得る。

◎シンプルな路線図の最短経路を求める

それでは、図6-2のシンプルな路線図を使って実際に最短経路を求めてみましょう。

▶手作業で最短経路を求める

手順を順番に説明していきます。この後に示す図では、直前の図から駅の情報を変更した部分を、わかりやすいように青色で示しています。

【手順1】

発駅の新宿の「時間」に0を設定します（図6-3）。発駅から発駅の時間は、0だからです。

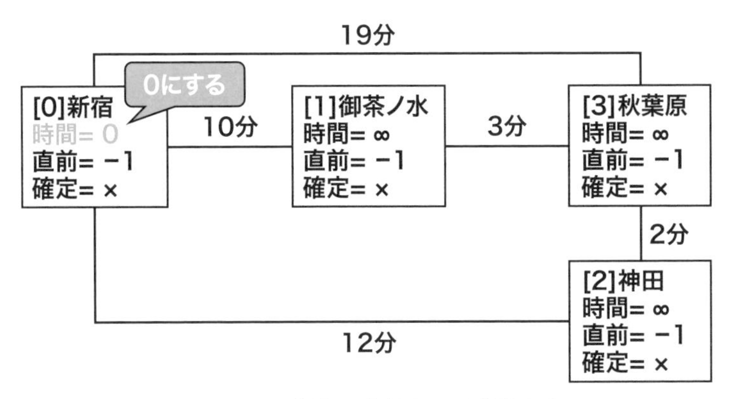

図6-3　発駅の新宿の「時間」に0を設定する

【手順2】

「確定」が×の新宿、御茶ノ水、神田、秋葉原の中で、「時間」が最も小さい新宿の「確定」を○に設定します（図6-4）。新宿から新宿までの時間は、0で確定だからです。

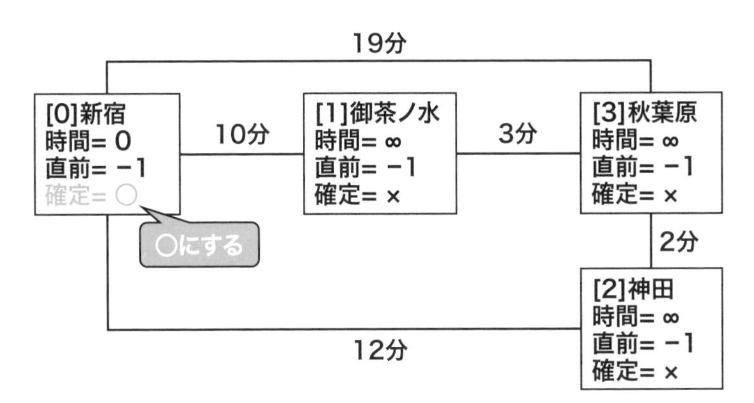

図6-4　「時間」が最も小さい新宿の「確定」を○に設定する

Chapter 6

【手順3】

手順2で新たに「確定」が○になった新宿に直接つながっていて、かつ、「確定」が×なのは、御茶ノ水、神田、秋葉原です。新宿からそれぞれの駅までの「時間」を求めて更新します（図6-5）。

新宿から御茶ノ水までの「時間」を求めると、0＋10＝10で、それまでの∞より小さいので、御茶ノ水の「時間」を10に、「直前」を新宿の番号の0に更新します。

新宿から神田までの「時間」を求めると、0＋12＝12で、それまでの∞より小さいので、神田の「時間」を12に、「直前」を新宿の番号の0に更新します。

新宿から秋葉原までの「時間」を求めると、0＋19＝19で、それまでの∞より小さいので、秋葉原の「時間」を19に更新し、「直前」を新宿の番号の0に更新します。

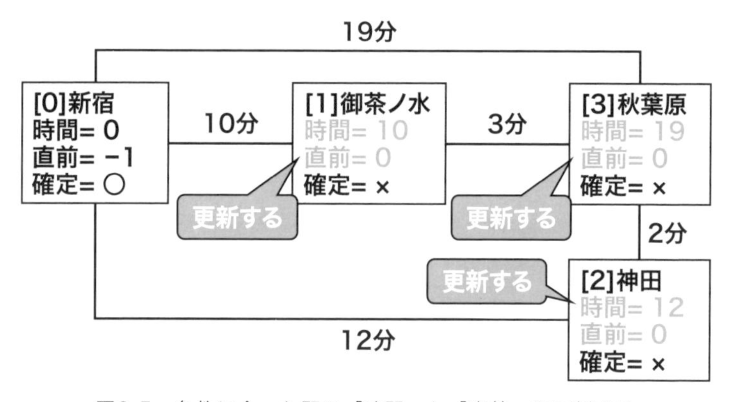

図6-5　条件に合った駅の「時間」と「直前」を更新する

これらの「時間」と「直前」は、まだ確定ではありません。

【手順4】

手順2に戻ります。

【手順2】

「確定」が×の御茶ノ水、神田、秋葉原の中で、「時間」が最も小さい御茶ノ水の「確定」を○に設定します（図6-6）。これは、新宿から御茶ノ水への経路が「新宿

→御茶ノ水」であり、時間が10で確定したということです。なぜ、確定なのでしょうか。

新宿から御茶ノ水への経路には、「新宿→御茶ノ水」のほかにも、「新宿→秋葉原→御茶ノ水」「新宿→神田→秋葉原→御茶ノ水」があります。しかし、それぞれの最初の経路の「新宿→御茶ノ水（10分）」「新宿→秋葉原（19分）」「新宿→神田（12分）」を比較すると、その時点で、「新宿→秋葉原（19分）」「新宿→神田（12分）」が、「新宿→御茶ノ水（10分）」より大きくなってしまうからです。ここが、ダイクストラ法の最大のポイントですので、しっかりと理解してください。

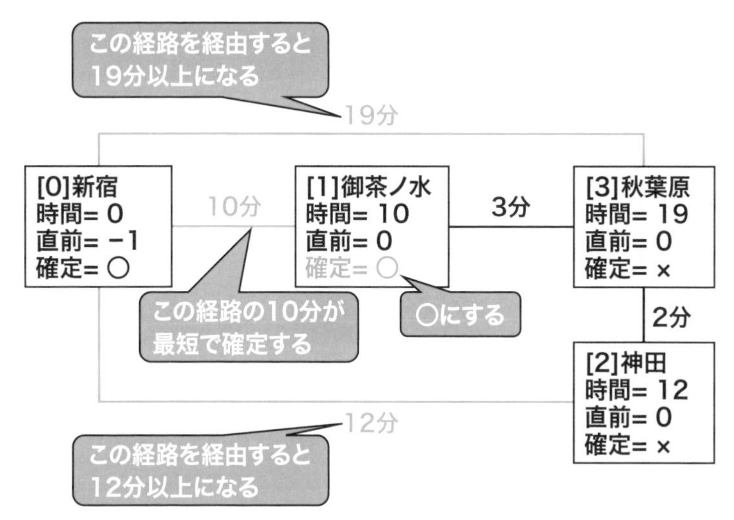

図6-6 「時間」が最も小さい御茶ノ水の「確定」を○に設定する

【手順3】

手順2で新たに「確定」が○になった御茶ノ水に直接つながっていて、かつ、「確定」が×なのは、秋葉原です。

御茶ノ水から秋葉原までの「時間」を求めると、10＋3＝13で、それまでの19より小さいので、秋葉原の「時間」を13に、「直前」を御茶ノ水の番号の1に更新します（図6-7）。これは、「新宿→秋葉原（19分）」という経路より、「新宿→御茶ノ水→秋葉原（13分）」という経路の方が短いということです。

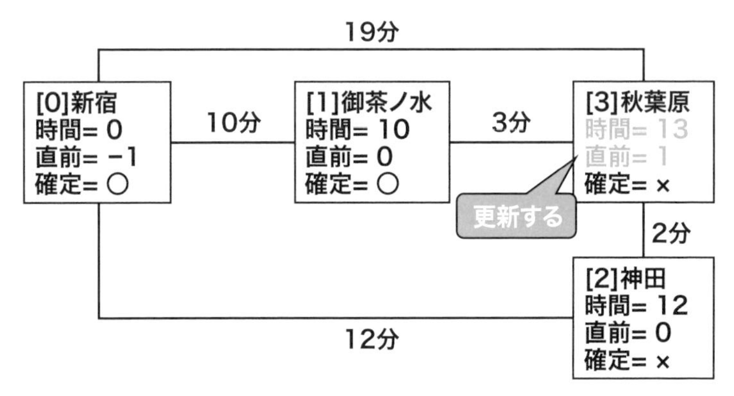

図6-7　条件に合った秋葉原の「時間」と「直前」を更新する

ただし、この時点では、「新宿→御茶ノ水→秋葉原（13分)」という経路は、確定ではありません。

【手順4】

手順2に戻ります。

【手順2】

「確定」が×の神田と秋葉原で、「時間」が最も小さい神田の「確定」を○に設定します（図6-8)。これは、新宿から神田の経路が「新宿→神田」であり、時間が12で確定したということです。

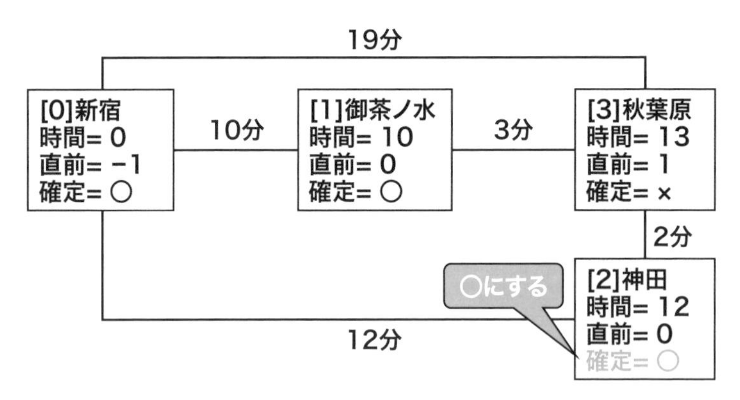

図6-8　「時間」が最も小さい神田の「確定」を○に設定する

【手順3】

手順2で新たに「確定」が○になった神田に直接つながっていて、かつ、「確定」が×なのは、秋葉原です。

神田から秋葉原までの「時間」を求めると、12＋2＝14で、それまでの13より小さくないので、秋葉原の「時間」と「直前」は更新しません。

【手順4】

手順2に戻ります。

【手順2】

「確定」が×なのは秋葉原だけであり、「時間」が最も小さいのも秋葉原なので、秋葉原の「確定」を○に設定します（図6-9）。これは、新宿から秋葉原の経路が「新宿→御茶ノ水→秋葉原」であり、時間が13で確定したということです。

Chapter 6

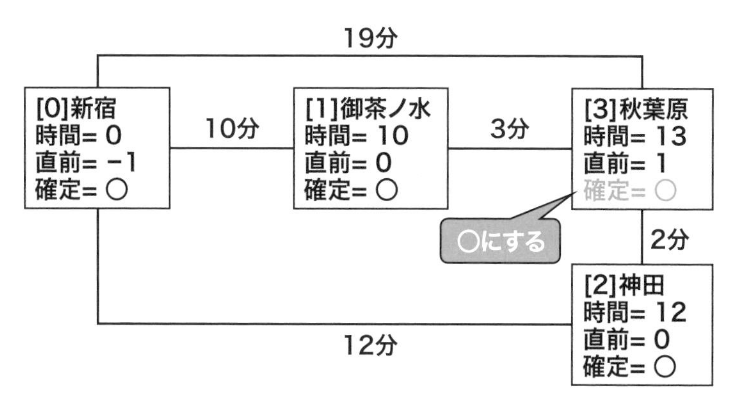

図6-9 「時間」が最も小さい秋葉原の「確定」を○に設定する

【手順3】

手順2で新たに「確定」が○になった秋葉原に直接つながっていて、かつ、「確定」が×の駅はないので、何もしません。

【手順4】

手順2に戻ります。

【手順2】

「確定」が×の駅がないので、手順5に進みます。

【手順5】

着駅の秋葉原から発駅の新宿まで「直前」をたどると「秋葉原→御茶ノ水→新宿」になります。これを逆順にした「新宿→御茶ノ水→秋葉原」が、新宿から秋葉原までの最短経路です。

◎汎用的な問題を解くプログラムを作る

ここまで見てきたのは図6-2に示したシンプルな路線図の最短経路を求めるための手順でした。この手順を使えば、より複雑な経路の最短経路も求めることができます。プログラムを作って試してみましょう。

▶ダイクストラ法のプログラムを作る

ダイクストラ法のアルゴリズムを汎用的なプログラムにしてみます。ここでは、shortest_route(route_map, start, goal)という構文で、汎用的な関数を作成します。

引数route_mapには、路線図を指定します。この路線図は、2次元リスト（リストを要素としたリスト）で表します。

引数startには発駅の番号を指定し、引数goalには着駅の番号を指定します。戻り値として、発駅から着駅の最短経路のリストと時間を返します。

図6-10に、2次元の表で表した路線図を示します。

発駅＼着駅	新宿	御茶ノ水	神田	秋葉原
新宿	0	10	12	19
御茶ノ水	10	0	-1	3
神田	12	-1	0	2
秋葉原	19	3	2	0

図6-10　路線図を2次元の表で表す

図6-10の表の縦（行）が発駅で、横（列）が着駅です。配列の個々の要素には、発駅から着駅までの時間を入れます。同じ駅の時間は、0にします。

直接つながっていない駅の時間は、-1にします。時間としてあり得ない-1を入れることで、直接つながっていないことを示します。

ここでは、駅間の方向を考慮していないので、例えば「新宿→御茶ノ水」と「御茶ノ水→新宿」の要素は、どちらも10であり同じです。

shortest_route関数を使った新宿から秋葉原までの最短経路を求めるプログラムをリスト6-1に示します。このプログラムをsr.pyというファイル名で作成してください。

リスト6-1　ダイクストラ法で最短経路を求めるプログラム（sr.py）

```
# 最短経路を求める関数
def shortest_route(route_map, start, goal): ――――――――――(1)
    # 無限大を得る
    INF = float("inf") ――――――――――――――――――――――――――――(2)

    # 駅数を求める
    station_num = len(route_map) ――――――――――――――――――――(3)

    # 駅数分の要素を持つ辞書のリストを作成し、すべての駅の情報を初期化する
    station = [] ――――――――――――――――――――――――――――――――┐
    for n in range(station_num):                              (4)
        station.append({"time":INF, "prev":-1, "fixed":False})
    ―――――――――――――――――――――――――――――――――――――――――――――┘
    # 発駅の「時間」に0を設定する
    station[start]["time"] = 0 ―――――――――――――――――――――――(5)

    # 経路探索処理
    while True: ―――――――――――――――――――――――――――――――――――(6)
        # リストの先頭からチェックして、未確定の駅の番号をidxに得る ―┐
        all_fixed = True
        for idx in range(station_num):
            if station[idx]["fixed"] == False:
                all_fixed = False
                break                                          (7)

        # すべての駅が確定していれば、経路探索処理を終了する
        if all_fixed:
            break                                  次ページに続く
```

```
        # 未確定の駅の中で、最も時間が小さい駅の番号をshortest_idxに得る
        shortest_idx = idx
        for idx in range(shortest_idx + 1, station_num):
            if station[idx]["fixed"] == False and ¥
               station[idx]["time"] < station[shortest_idx]↩
["time"]:
                shortest_idx = idx                                    (7)

        # 最も時間が小さい駅を確定にする
        station[shortest_idx]["fixed"] = True

        # リストのすべての要素をチェックして、
        for idx in range(station_num):
            # 新たに確定した駅に直接つながっていて、かつ、未確定な駅で
            if route_map[shortest_idx][idx] > 0 and ¥
               station[idx]["fixed"] == False:
                # 新たに確定した駅からその駅までの時間を求めて
                new_time = station[shortest_idx]["time"] ¥
                         + route_map[shortest_idx][idx]               (8)
                # 求めた時間が、それまでの時間より短ければ
                if new_time < station[idx]["time"]:
                    # その駅の時間を、求めた時間で更新して
                    station[idx]["time"] = new_time
                    # その駅の直前に、新たに確定した駅の番号を設定する
                    station[idx]["prev"] = shortest_idx

    # 着駅から発駅まで直前をたどって最短経路のリストを作成する
    answer_route = []
    idx = goal
    while idx != start:
        answer_route.append(idx)
        idx = station[idx]["prev"]                                    (9)
    answer_route.append(start)

    # リストの要素を逆順にして、発駅から着駅までの最短経路のリストにする
    answer_route.reverse()

    # 最短経路のリストと時間を戻り値として返す
    return answer_route, station[goal]["time"]                       (10)

# メインプログラム                                                    (11)
if __name__ == '__main__':
```

次ページに続く

```
# 駅名
station_name = ["新宿", "御茶ノ水", "神田", "秋葉原"] ────(12)

# 路線図(同一の駅は0、直接つながっていない駅は-1)
route_map = [
    [ 0, 10, 12, 19],  # [0]新宿から他の駅までの時間
    [10,  0, -1,  3],  # [1]御茶ノ水から他の駅までの時間
    [12, -1,  0,  2],  # [2]神田から他の駅までの時間        (13)
    [19,  3,  2,  0]   # [3]秋葉原から他の駅までの時間
]

# [0]新宿から[3]秋葉原までの最短経路と時間を求める
start = 0
goal = 3                                                   (14)
sr, time = shortest_route(route_map, start, goal)

# 最短経路と時間を表示する
for idx in sr:
    print(station_name[idx], end="")
    if idx != goal:                                        (15)
        print("→", end="")
    else:
        print(f" ({time}分) ")
```

リスト6-1の実行結果の例を図6-11に示します。

図6-11　リスト6-1のプログラムの実行結果の例

リスト6-1の内容を説明しましょう。まず、(11) から始まるメインプログラムを見てください。

(12) では、駅名のリストstation_nameを作成しています。この駅名を使って、最短経路を示します。

(13) では、2次元リスト (リストを要素としたリスト) のroute_mapで路線図を表しています。

(14) では、引数にroute_map、0、3を指定して、shortest_route関数を呼び

出し、戻り値として返される最短経路のリストをsrに、時間をtimeに格納しています。

(15) では、駅名を「→」で区切って最短経路を表示し、最後に ( ) で囲んで時間を表示しています。

次に、(1) から始まるshortest_route関数を見てください。

(2) では、float("inf")でfloat型の無限大("inf")を変数INFに得ています。「時間」は、int型ですが、Pythonにはint型で無限大を表す手段がないので、float型の無限大で代用します。

(3) では、len関数を使って路線図route_mapの要素数(駅数)を求め、それをstation_numに格納しています。

(4) では、3つの要素を持つ辞書で、1つの駅を表し、駅数分の辞書を要素としたリストを作成しています。リストの要素の添字が駅の「番号」になります。「時間」「直前」「確定」は、"time"、"prev"(previousは「直前」という意味です)、"fixed"という文字列のキーで表し、それぞれのバリューをINF、-1、Falseで初期化しています。「確定」の×と○は、FalseとTrueで表しています。

ここから先は、先ほど示したダイクストラ法の手順をプログラムにしたものです。(5) が【手順1】で、(7) が【手順2】で、(8) が【手順3】です。細かくコメントを付けてありますので、手順の内容がプログラムで表現されていることを確認してください。これらの処理は、(6) から始まるwhile文の繰り返しの中にあり、それが【手順4】です。

(9) が【手順5】です。それぞれの駅は「直前」の情報を持っているので、最短経路をたどると、発駅から着駅の順ではなく、着駅から発駅の順になります。着駅から発駅をanswer_routeというリストに得て、answer_route.reverse関数でリストの要素を逆順にして、発駅から着駅の最短経路にしています。

最後に、(10) で、最短経路のリストと時間を、戻り値として返します。最短経路のリストは、answer_routeです。最短経路の時間は、着駅(goal)の「時間」なので、station[goal]["time"]で得られます。

◎複雑な路線図の最短経路を求める

最後に、先ほど作成したshortest_route関数を使って、複雑な路線図の最短経路を求めてみましょう。

▶駅間の方向によって時間が異なる路線

実在する路線図を示すと説明が長くなってしまうので、図6-12に示した架空の路線図を題材にします。

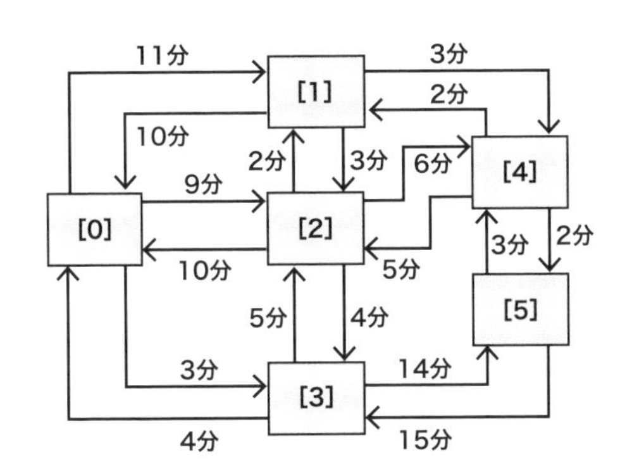

図6-12　駅間の方向によって時間が異なる複雑な路線図

図6-12では、四角形の中に駅の番号だけを入れています。駅名は、「0駅」や「1駅」と呼ぶことにします。この路線図で、0駅から5駅までの最短経路を求めてみましょう。

この路線図で注目してほしいのは、駅間の方向によって時間が異なることです。このように複雑な路線図であっても、図6-13のように2次元の表で表すことができます。例えば「1駅→2駅」の要素と「2駅→1駅」の要素は別のものなので、それぞれに時間を設定します。

発駅＼着駅	[0]	[1]	[2]	[3]	[4]	[5]
[0]	0	11	9	3	-1	-1
[1]	10	0	3	-1	3	-1
[2]	10	2	0	4	6	-1
[3]	4	-1	5	0	-1	14
[4]	-1	2	5	-1	0	2
[5]	-1	-1	-1	15	3	0

図6-13　複雑な路線図を2次元の表で表す

▶路線図のプログラムを書き換える

この路線図の最短経路を求めるプログラムを作ります。

リスト6-1の（11）から始まるメインプログラムの内容をリスト6-2に示したように書き換えて、sr2.pyというファイル名で作成してください。

リスト6-2　複雑な路線図で0駅から5駅までの最短経路を求める
メインプログラム（sr2.pyの一部）

```
# メインプログラム ―――――――――――――――――――――――――――――――(11)
if __name__ == '__main__':
    # 駅名
    station_name = ["0駅", "1駅", "2駅", "3駅", "4駅", "5駅"] ―(12)

    # 路線図(同一の駅は0、直接つながっていない駅は-1)
    route_map = [ ―――――――――――――――――――――――――――――――┐
        [  0, 11,  9,  3, -1, -1],  # 0駅から他の駅までの時間  │
        [ 10,  0,  3, -1,  3, -1],  # 1駅から他の駅までの時間  │
        [ 10,  2,  0,  4,  6, -1],  # 2駅から他の駅までの時間  │(13)
        [  4, -1,  5,  0, -1, 14],  # 3駅から他の駅までの時間  │
        [ -1,  2,  5, -1,  0,  2],  # 4駅から他の駅までの時間  │
        [ -1, -1, -1, 15,  3,  0]   # 5駅から他の駅までの時間  │
    ] ―――――――――――――――――――――――――――――――――――――――――┘

    # 0駅から5駅までの最短経路と時間を求める
    start = 0
    goal = 5 ――――――――――――――――――――――――――(14)
```

次ページに続く

```
    sr, time = shortest_route(route_map, start, goal)

    # 最短経路と時間を表示する
    for idx in sr:
        print(station_name[idx], end="")
        if idx != goal:
            print("→", end="")
        else:
            print(f"（{time}分）")
```

リスト6-1から変更したのは、(12) の駅名、(13) の路線図、および (14) の着駅の番号です。これだけで、複雑な路線図で0駅から5駅までの最短経路を求めることができます。shortest_route関数は汎用的なので、変更は一切不要です。

実行結果の例を図6-14に示します。

図6-14　リスト6-2に書き換えた後のプログラムの実行結果の例

もしも、「この実行結果は正しいのだろうか？」と思ったなら、手作業で最短経路を求めてみてください。そうすることで、ダイクストラ法の手順の復習ができます。

7章

電気自動車の消費する電力量が最小になる経路は？

7章のポイント！

電気自動車には、ブレーキを踏むと充電する機能があります。下りの坂道ではブレーキを踏むので、充電されることになります。下りの坂道が多い経路を選べば、たくさん充電ができ、蓄電容量を増やすことができるでしょう。

このように増えたり減ったりする電力量に注目し、「電気自動車の消費する電力量」が最も小さく（少なく）なる経路を求めてみます。

本章の流れ

❶電気自動車の消費する電力量を経路図で表す

6章では、電車に乗っている「時間」が最も短くなる経路を、**最短経路**として求めました。本章では、充電機能を持つ電気自動車の「消費する電力量」を書き込んだ経路図を作り、その電力量が最も小さく（少なく）なる経路を最短経路と呼びます。

❷「ダイクストラ法」で最短経路を求められない理由

❶の最短経路を、6章で紹介したダイクストラ法を使って求めます。しかし、正しい最短経路は求められません。なぜなら、この電気自動車の経路図は、経路に**負の重み**という特徴を持つからです。

❸「ベルマン＝フォード法」で最短経路を求める

負の重みを持つ経路図の最短経路も、**「ベルマン＝フォード法」**というアルゴリズムを使えば求められます。ここでは手作業で最短経路を求めてみます。

❹プログラムを作って動作を確認する

ベルマン＝フォード法のアルゴリズムを使ったプログラムを作ります。これで、電気自動車の最短経路を求めることができます。

7章 電気自動車の消費する電力量が最小になる経路は？

最近、電気自動車をよく見かけるようになりました。ガソリン車がガソリンを消費するように、電気自動車は電力を消費します。消費した電力は、Wh（ワットアワー）という単位で示され、これを電力量と呼びます。一般的な電気自動車は、1kWhの電力量で6km程度の距離を走れます。

電気自動車には、ブレーキを踏んだときに充電する機能があります。ブレーキを頻繁に踏む下りの坂道を通ると蓄電容量が増えます。このことに注目し、距離や時間が最短になる経路ではなく、消費する電力量が最小（最少）になる経路を求めてみましょう。

◎電気自動車の消費する電力量を経路図で表す

出発地点から目的地点までの最短経路を求める問題では、距離や時間など経路が持つ値のことを「重み」と言います。ここでは、電気自動車が消費する電力量を重みとして表します。重みは、「正の値」だけでなく「負の値」を持つケースがあります。

電気自動車に乗ってドライブするとして、経路図を書いてみましょう。

▶「負の重み」がある最短経路問題

図7-1に、出発地点のA町から目的地点のD町までの経路図を示します。

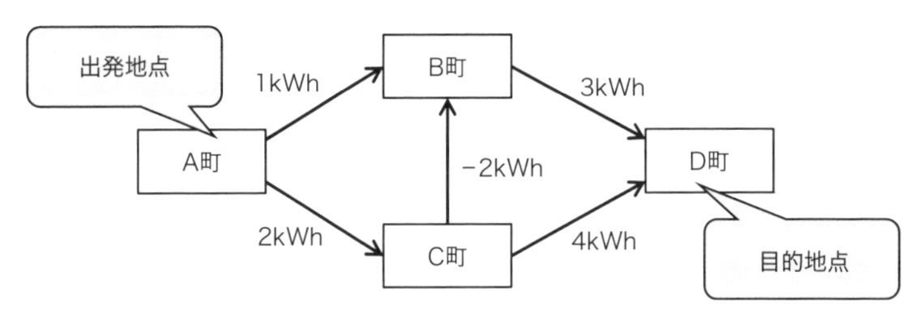

図7-1　消費する電力量で示した経路図

図7-1では、四角形で地点を示し、地点と地点を結ぶ矢印で経路を示しました。経路は矢印の方向にしか進めません。経路の上の値は、距離ではなく電力量を示しています。

C町からB町への経路は、電力量がマイナスになっていることに注意してください。電力量がプラスの場合は消費する電力量を表し、マイナスの場合は充電できる電力量を表します。C町からB町への経路は、おそらく下り坂なのでしょう。

この経路図で、A町からD町までに消費する電力量が最小になる経路を求めるプログラムを作ってみましょう。消費する電力量は、経路が持つ重み（コストとも呼びます）です。重みが最小の経路を求める問題を最短経路問題というので、ここでは消費する電力量が最小となる経路を「最短経路」と呼ぶことにします。

「最短経路はA町→C町→B町→D町で、電力量は3kWhだ。そんなこと、プログラムを作らなくてもわかる！」と思われるかもしれません。確かにその通りなのですが、シンプルな問題でアルゴリズムを理解してプログラムを作ることができれば、それを複雑な問題にも応用できます。アルゴリズムを理解することとプログラムを作ることを楽しんでください。

◎「ダイクストラ法」で最短経路を求められない理由

この電気自動車の最短経路問題を解くアルゴリズムとして、本章では「ベルマン＝フォード法（Bellman-Ford algorithm）」を紹介します。

最短経路を求めるアルゴリズムとして、6章では「ダイクストラ法」を紹介しました。ダイクストラ法では、電気自動車の最短経路問題を解くことはできないのでしょうか。

▶ダイクストラ法で求める手順

ダイクストラ法は「出発地点から目的地点まで、重みが最も小さい経路と地点を確定させていく」というアルゴリズムです。まず、ダイクストラ法でA町からD町までの最短経路を求めてみましょう。

手順を図7-2に示します。わかりやすいように、確定した「地点」と「経路」を青色で示しています。

※確定した地点と経路を青色で示しています。

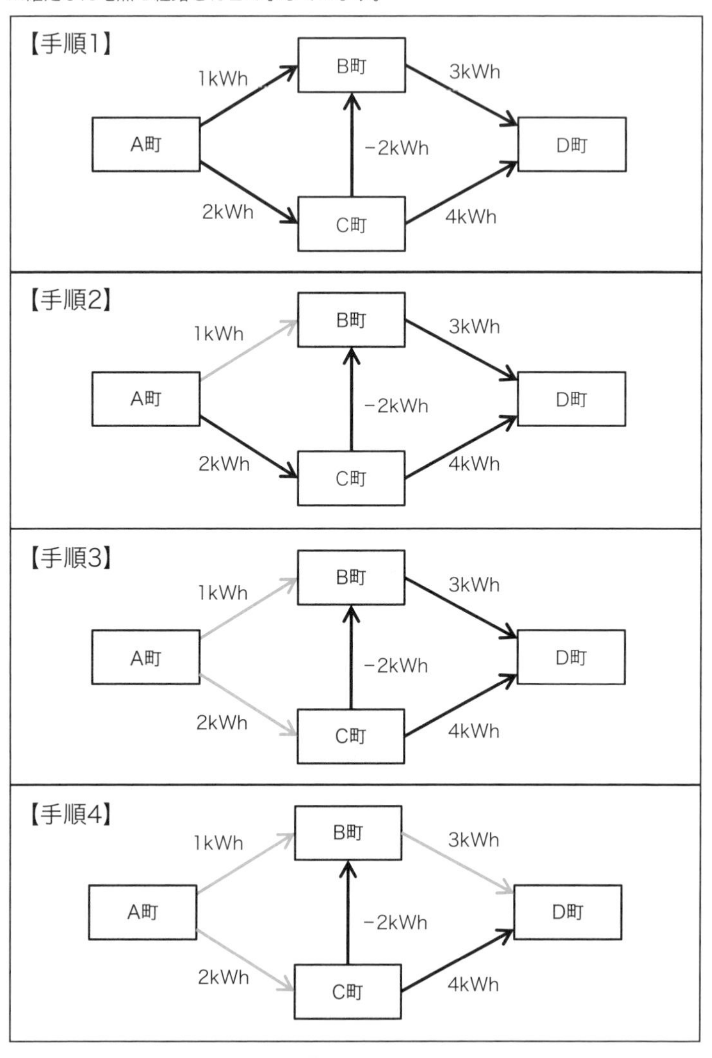

図7-2　ダイクストラ法で求めた最短経路と電力量

図7-2の内容を次の通り説明します。

【手順1】では出発地点を確定します。ここではA町の地点を確定させました。

【手順2】では、確定したA町から直接つながっている地点のうち、重みが最も小さい経路と地点を確定します。ここでは、A町→B町の経路（1kWh）とA町→C町の経路（2kWh）を比べ、重みの小さいA町→B町の経路とB町の地点を確定させました。

【手順3】では、確定しているA町、B町から直接つながっていてまだ確定していない地点のうち、重みが最も小さい経路と地点を確定します。C町とD町が確定していないので、A町→C町（2kWh）とA町→B町→D町（1+3=4kWh）を比べ、重みの小さいA町→C町の経路とC町の地点を確定させました。

【手順4】では、確定しているA町、B町、C町から直接つながっていてまだ確定していない地点のうち、重みが最も小さい経路と地点を確定します。まだ確定していないのはD町だけなので、A町→B町→D町（1+3=4kWh）とA町→C町→D町（2+4=6kWh）を比べ、重みの小さいA町→B町→D町の経路とD町の地点を確定しました。目的地点のD町まで確定できたので、手順はここで終了です。最短経路がA町→B町→D町で、電力量が4kWhという結果になりました。

▶負の重みがあるとダイクストラ法を使えない

しかし、図7-2に示した結果は正しくありません。正しい最短経路は「A町→C町→B町」を通るA町→C町→B町→D町です。このアルゴリズムでは、「A町→C町」の先にある「C町→B町」の経路を確認していません。【手順2】の時点で、A町からB町までの経路は「A町→B町」が最も重みが小さい経路だと確定していたからです。つまり、ダイクストラ法は、すべての経路を確認しません。効率の良いアルゴリズムですが、確定した経路と地点の先に重みを減らせる経路（負の重みの経路）がある場合に、正しい最短経路を求められないのです。

◎「ベルマン=フォード法」で最短経路を求める

本章では、ダイクストラ法とは別のアルゴリズムである、ベルマン＝フォード法を説明していきます。このアルゴリズムは、米国の数学者であるリチャード・ベルマンとレスター・フォードによって考案されました。

▶ベルマン=フォード法の特徴

ベルマン=フォード法は、ダイクストラ法と比べて効率は良くありませんが、負の重みに対応しています。さらに、ベルマン=フォード法は、「負閉路」があるかどうかを判断できます。

負閉路とは、ぐるりと回ると重みの合計が負になる経路のことです。負閉路があると、そこを何度も回ることでいくらでも重みを小さくできるので、最短経路を求められません。例えば、図7-3に示した経路図を見てください。

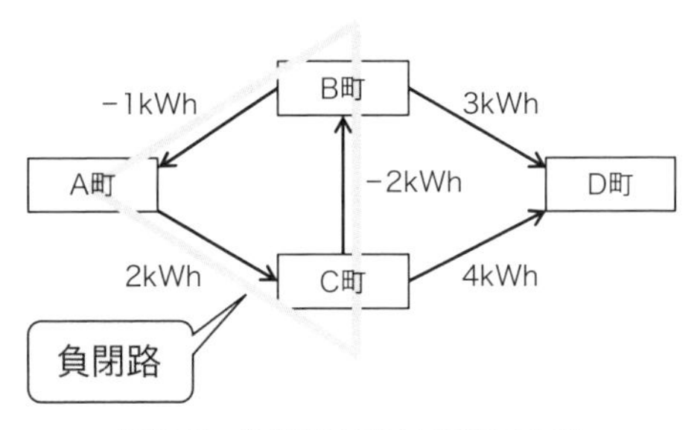

図7-3 負閉路がある経路図の例

この経路図では、A町→C町→B町→A町という経路が負閉路であり、ここを回ると重みの合計が、次のように求められます。

```
2kWh - 2kWh - 1kWh = -1kWh
```

現実的には、下りの坂道で充電を繰り返せる負閉路はあり得ません。ただし、経路にある充電スタンドで充電を繰り返せる負閉路ならあり得ます。このような負閉路がある場合には、電力量が最小の経路を求められないのです。

▶ベルマン=フォード法の手順

それでは、ベルマン=フォード法の手順を理解するために、図7-1の経路図(負閉路がない経路図)で、出発地点のA町から目的地点のD町までの最短経路を手作業で求めてみましょう。

図7-4に必要な情報を書き加えた経路図を示します。

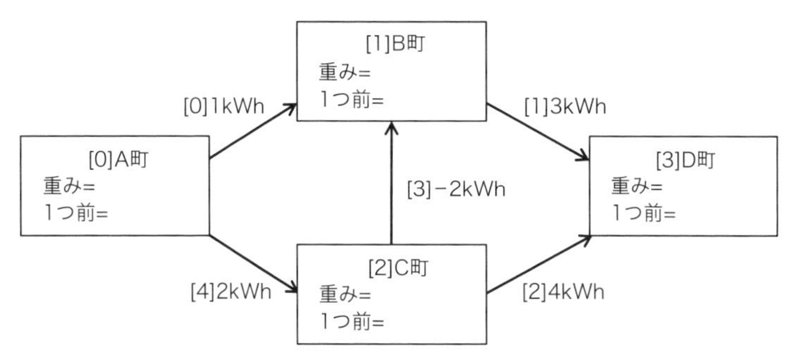

図7-4　A町からB町までの経路図

図7-4では、A町に[0]、B町に[1]、C町に[2]、D町に[3]という添字を付け、経路にも[0]、[1]、[2]、[3]、[4]という添字を付けています。そして、それぞれの地点に「重み（出発地点から各地点までの重みの合計）」と「1つ前の地点」の情報を持たせ、それぞれの「=」の右辺に現在の値を示します。図では「1つ前の地点」のことを「1つ前」と表記しています。1つ前の地点の情報は、目的地点まで来た後で、今までの経路をたどり、最短経路を確認するために使います。

このアルゴリズムでは、各地点の「重み」と「1つ前の地点」の情報の更新を繰り返すことで、最短経路を求めていきます。

ベルマン＝フォード法の手順を以下に示します。この手順を読んだだけではよくわからないと思いますので、後で手作業でやってみます。

ベルマン＝フォード法の手順

【手順1】出発地点から各地点までの重みを「無限大」に、1つ前の地点を「なし」に、それぞれ初期化する。

【手順2】出発地点における重みを0に更新する。

【手順3】「地点の総数−1回」だけ、手順4を繰り返す。

【手順4】すべての経路に対して、「経路の元の地点の重み + 経路の重み < 経路の先の地点の重み」なら、「経路の先の地点の重み」を「経路の元の地点の

重み + 経路の重み」で更新し、「経路の先の地点の 1 つ前の地点」を「経路の元の地点」で更新する。

【手順 5】もう 1 回だけ手順 4 を行い、重みの更新があれば負閉路があるとして最短経路を確定せずに終了する。

【手順 6】負閉路がない場合は、最短経路を確定して終了する。

※もし【手順 4】でどの地点にも重みの更新がなかった場合は、その時点で最短経路が確定したと判断することができます。この場合は、負閉路がないので【手順 5】は不要です。

この手順であらかじめ知っておいてほしいポイントは、「地点の総数－1回」だけ、【手順4】を繰り返すことです。

【手順4】では、すべての経路を確認し、その経路を通ることで経路の先の地点の重みが小さい値になる場合に、「重み」と「1つ前の地点」の情報を更新していきます。【手順4】を1回行うと、少なくとも1つの地点の重みが確定します（負閉路がある場合は確定しません）。したがって、「地点の総数－1回」だけ【手順4】を繰り返せば、すべての地点の重みが確定するのです。地点の総数から1を引いているのは、出発地点の分です。出発地点の重みは、【手順2】で0に確定しているので、【手順4】で更新されることはありません。

つまり、【手順4】では、それぞれの地点の重みを、より小さな値に更新しています。これを「緩める（relax）」と呼びます。大きな値を小さな値に緩めるのです。後で示すプログラムの中にあるコメントでは、「緩める」という言葉を使っています。

このように、「地点の総数－1回」だけ【手順4】を繰り返した後に、【手順5】で、もう1回だけ【手順4】を行います。もし、ここで重みの更新が生じたら、負閉路があると判断できます。この場合には、最短経路を求められないので最短経路を確定せずに終了します。

負閉路がない場合は、【手順6】に進んで、最短経路を確定して終了します。

▶手作業で最短経路を求める

では、手順に従ってやってみましょう。この後の各手順の図では、1つ前の手順から情報を更新した部分がわかりやすいように青色で示しています。

【手順1】

「重み」と「1つ前の地点」を初期化します（図7-5）。出発地点から各地点までの重みは「無限大」にします。初期値を無限大にすれば、後でより小さい値に更新されます。1つ前の地点は「なし」に初期化します。

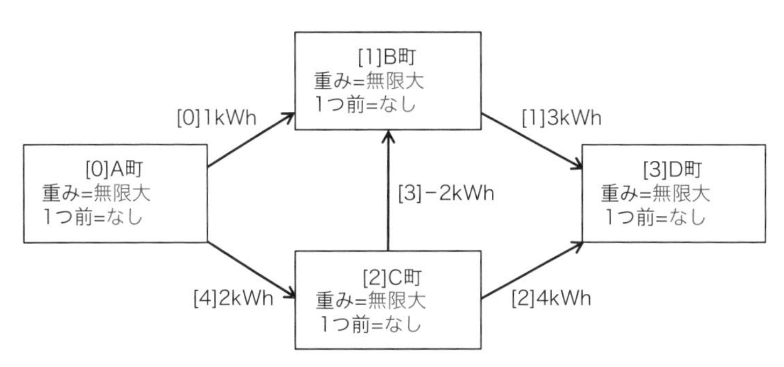

図7-5 「重み」と「1つ前の地点」を、それぞれ初期化する

【手順2】

出発地点（ここでは、A町）の重みを0kWhに更新します（図7-6）。

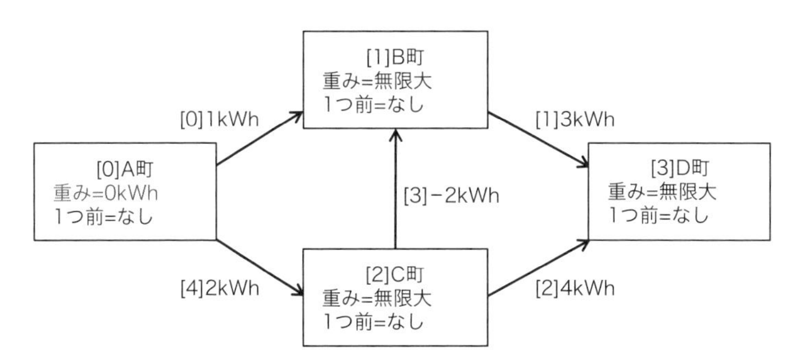

図7-6 出発地点の重みを0kWhに更新する

【手順3】

地点の総数－1回=3回だけ、【手順4】を繰り返します。【手順4】では経路の添字の順に、すべての経路に対して処理を行います。これらの添字は、後で示すプログラムでも同じにしてあります。

【手順4】（1回目）

【手順4】の1回目の処理を順番に考えていきます。

まず、図7-6の経路[0]において、経路の元の地点（A町）の重みは0kWhで、経路[0]の重みは1kWh、経路の先の地点（B町）の重みは無限大です。「A町→B町」の経路の重みの合計より現在のB町の重みの方が大きいので、重みが小さくなるように更新します。

「経路の先の地点（B町）の重み」は、より小さい重みである「経路の元の地点（A町）の重み＋経路[0]の重み」で更新するため、0＋1＝1kWhになります。

「経路の先の地点（B町）の1つ前の地点」は「経路の元の地点（A町）」の添字で更新するため、0になります。

更新した結果を図7-7に示します。

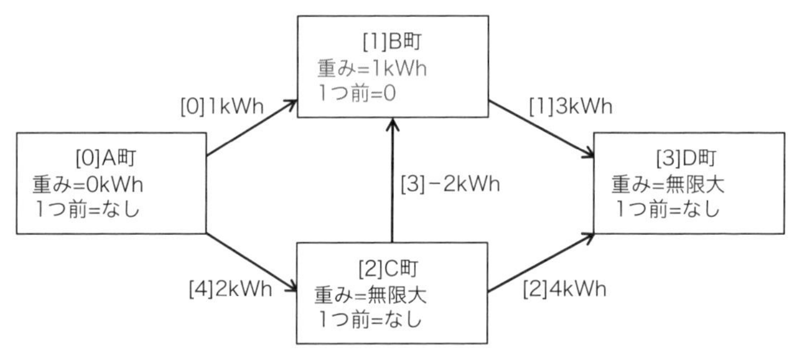

図7-7　経路[0]でB町を更新する

これで経路[0]に対する処理が終わりました。経路[1]、経路[2]、経路[3]、経路[4]に対しても同様に処理を行っていきます。

図7-7の経路[1]では、「B町の重み＋経路[1]の重み」は1+3=4kWhで「D町の重み」は無限大です。現在のD町の重みの方が大きいので、図7-8のように、D町の重みを4kWhに、1つ前の地点を[1]B町に更新します。

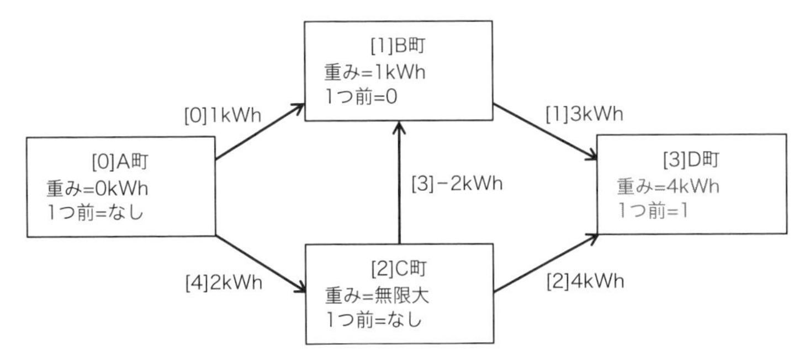

図7-8　経路[1]でD町を更新し、経路[2]と経路[3]では更新しない

図7-8の経路[2]では、「C町の重み＋経路[2]の重み」は無限大＋4kWhで「D町の重み」は4kWhです。現在のD町の重みの方が小さいので、D町の重みは更新しません。

経路[3]では、「C町の重み＋経路[3]の重み」は無限大－2kWhで「B町の重み」は1kWhです。現在のB町の重みの方が小さいので、B町の重みは更新しません。

経路[4]では、「A町の重み＋経路[4]の重み」は0+2=2kWhで「C町の重み」は無限大です。現在のC町の重みの方が大きいので、図7-9のように、C町の重みを2kWhに、1つ前の地点を[0]A町に更新します。

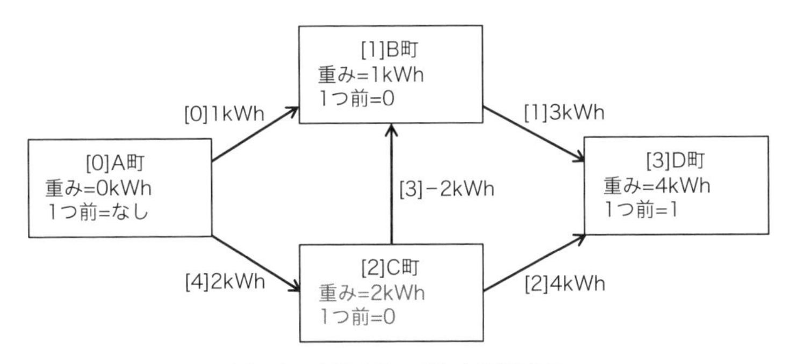

図7-9　経路[4]でC町を更新する

すべての経路を確認したので【手順4】の1回目が終了です。あと2回、【手順4】の処理を繰り返します。

【手順4】(2回目)

【手順4】の2回目の処理を考えていきます。

図7-9の経路[0]では、「A町の重み+経路[0]の重み」は0+1=1kWhで「B町の重み」は1kWhと同じ値なので、B町の重みは更新しません。

経路[1]では、「B町の重み+経路[1]の重み」は1+3=4kWhで「D町の重み」は4kWhと同じ値なのでD町の重みも更新しません。

経路[2]では、「C町の重み+経路[2]の重み」は2+4=6kWhで「D町の重み」は4kWhのため、現在のD町の重みの方が小さいので更新しません。

経路[3]では、「C町の重み+経路[3]の重み」は2+(-2)=0kWhで「B町の重み」は1kWhのため、現在のB町の重みより小さい経路であることがわかったので、B町の重みを更新しました(図7-10)。

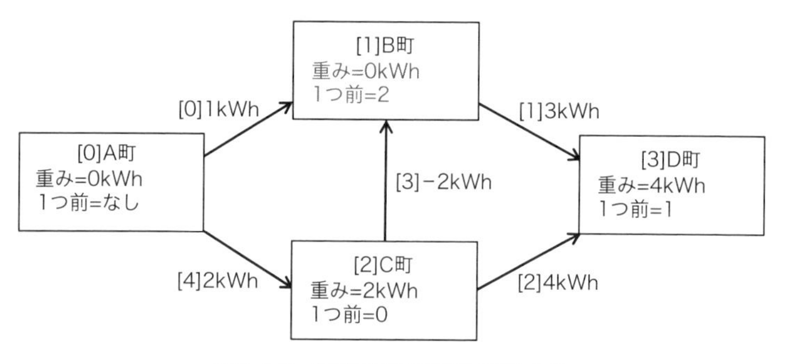

図7-10　経路[3]でB町を更新する

これで、B町の重みは0kWh、1つ前の地点は[2]C町になりました。

経路[4]では、「A町の重み+経路[4]の重み」は0+2=2kWhで「C町の重み」は2kWhと同じ値なのでC町の値は更新しません。

すべての経路を確認したので、【手順4】の2回目は終了です。

【手順4】(3回目)

【手順4】の3回目の処理を、図7-10の経路に対して行った結果を図7-11に示します。

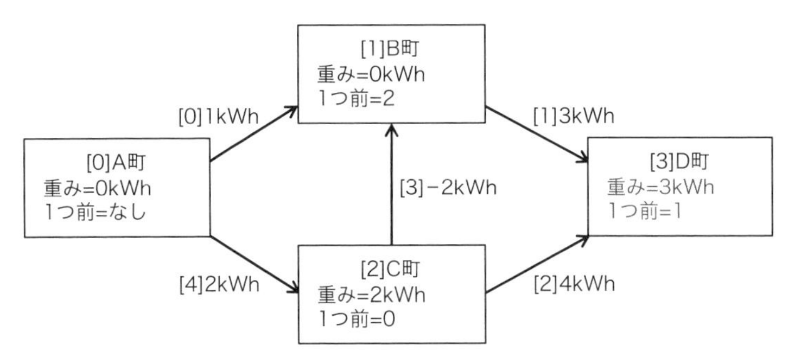

図7-11　経路[1]でD町を更新する

これまでと同様にすべての経路を順番に確認していくと、経路[1]に対して、D町の重みがより小さい値に更新されました。その他の経路では重みの更新はありません。

これで、【手順4】を3回繰り返したので、負閉路がなければ、すべての地点が確定したことになります。

【手順5】

負閉路がないか確認します。もう1回だけ【手順4】を行い、重みの更新があれば負閉路があると判断して最短経路を確定せずに終了します。ここでは図7-12に示すように、重みの更新がなかったので、【手順6】に進みます。

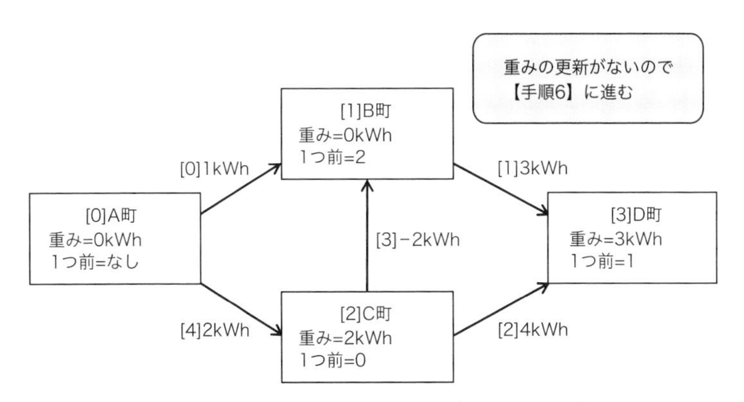

図7-12　すべての経路で重みの更新がないことを確認する

【手順6】

最後に、最短経路を確定します。目的地点のD町から、1つ前の地点の添字を順番にたどると、最短経路は「A町→C町→B町→D町」であることが確定しました(図7-13)。また、D町の重みは3kWhなので、最短経路の電力量は3kWhです。

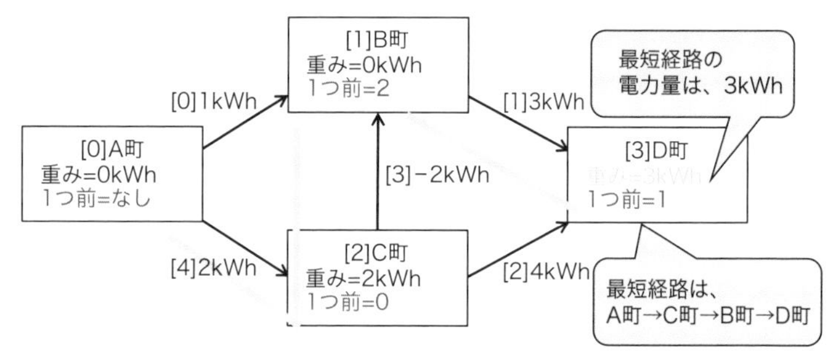

図7-13　最短経路を確定する

◎プログラムを作って動作を確認する

ベルマン＝フォード法の手順がわかったところで、プログラムを作ってみましょう。

▶ベルマン＝フォード法のプログラムを作る

リスト7-1にプログラムを示します[*1]。bf1.pyというファイル名[*2]で作成してください。

リスト7-1　ベルマン＝フォード法で最短経路を求めるプログラム（bf1.py）

```
import sys        # sys.exit()を使うためにインポートする

# 経路の情報[元の地点の添字, 先の地点の添字, 重み]を設定する
```

次ページに続く

*1 このプログラムの内容には、わかりやすさを優先しているため、冗長な部分(もっと短く記述できる部分)があることをご了承ください。
*2 bfは、bellman fordの略です。

```
edge = [
[0 , 1, 1],       # A地点からB地点への経路[0]の重みは1kWh
[1 , 3, 3],       # B地点からD地点への経路[1]の重みは3kWh
[2 , 3, 4],       # C地点からD地点への経路[2]の重みは4kWh     (1)
[2 , 1, -2],      # C地点からB地点への経路[3]の重みは-2kWh
[0 , 2, 2]        # A地点からC地点への経路[4]の重みは2kWh
]

# 出発地点の添字
start_idx = 0    # A地点

# 目的地点の添字
goal_idx = 3     # D地点

# 無限大をINFとする
INF = float("inf")

# 【手順1】各地点の情報[出発地点から各地点までの重み, 1つ前の地点]を初期化する
vertex = [
[INF, None],     # [0]A地点
[INF, None],     # [1]B地点
[INF, None],     # [2]C地点     (2)
[INF, None]      # [3]D地点
]

# 【手順2】出発地点の重みを0に更新する
vertex[0][0] = 0

# 地点の数を求める
vertex_num = len(vertex)

# 【手順3】地点の数 - 1回だけ、【手順4】繰り返す
for _ in range(vertex_num - 1):
    # 【手順4】それぞれの地点の重みを緩める
    for e in edge:
        sorc = e[0]      # 経路の元の地点の添字
        dist = e[1]      # 経路の先の地点の添字
        weight = e[2]    # 経路の重み
        if vertex[sorc][0] + weight < vertex[dist][0]:
            vertex[dist][0] = vertex[sorc][0] + weight
            vertex[dist][1] = sorc
```

次ページに続く

```
# 【手順5】もう1回だけ【手順4】を行い、更新があれば負閉路があるので終了する
for e in edge:
    sorc = e[0]      # 経路の元の地点の添字
    dist = e[1]      # 経路の先の地点の添字
    weight = e[2]    # 経路の重み
    if vertex[sorc][0] + weight < vertex[dist][0]:
        print("負閉路があります！")
        sys.exit()

# 出発地点から目的地点までの最短経路を得る
route = []
idx = goal_idx
while idx != start_idx:
    route.append(idx)
    idx = vertex[idx][1]
route.append(start_idx)
route.reverse()

# 【手順6】最短経路を表示して終了する
print(f"最短経路の重み:{vertex[goal_idx][0]}")
print(f"最短経路:{route}")
```

(3)

(4)

(5)

リスト7-1の実行結果を図7-14に示します。

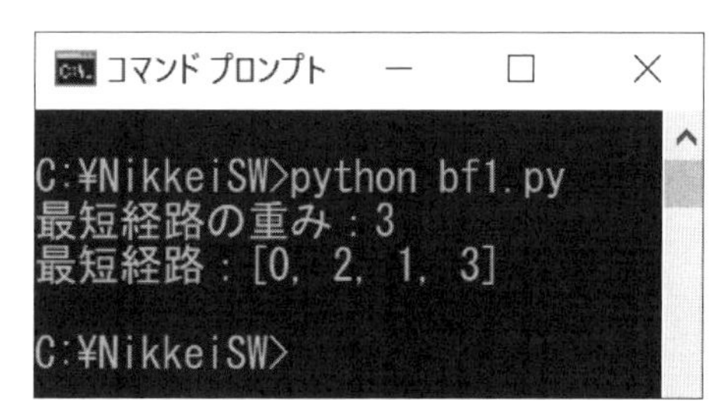

図7-14　リスト7-1のプログラム（bf1.py）の実行結果

図7-14では、最短経路の重みが3（電力量が3kWh）で、最短経路が[0, 2, 1, 3]（出発地点から目的地点までの経路をリストで示しています）なので、正しい結果が得られています。

リスト7-1の内容を説明しましょう。プログラムのコメントに、先に示したベルマン＝フォード法の手順の【手順1】～【手順6】のどの部分に該当するかを示してあります。複雑な処理も、トリッキーな処理もないので、コメントを見れば処理

内容がわかると思いますが、いくつか補足説明をしておきましょう。

(1) のedgeは、経路の情報を格納した2次元のリストで、(2) のvertexは、地点の情報を格納した2次元のリストです。

(3) では、負閉路があるとわかったら、「負閉路があります！」と表示してsys.exit()でプログラムを終了しています。負閉路がない場合は、(4) で、目的地点から出発地点まで、1つ前1つ前へと経路をたどり、それぞれの地点をrouteというリストに格納しています。

このままでは、経路が逆順なので、(5) のroute.reverse()でリストの内容を反転させ、出発地点から目的地点の経路にしています。

▶負閉路があるかどうかを判断できることを確認する

最後に、ベルマン=フォード法で、負閉路があるかどうかを判断できることをプログラムで確認しておきましょう。リスト7-1の (1) のedgeの内容を、リスト7-2に示した内容に書き換えて、プログラムをbf2.pyというファイル名で作成してください。

リスト7-2　負閉路がある経路図の経路の情報（bf2.pyの一部）

```
# 経路の情報[元の地点の添字, 先の地点の添字, 重み]を設定する
edge = [
[1 , 0, -1],     # B地点からA地点への経路[0]の重みは-1kWh（ここだけ変更）
[1 , 3, 3],      # B地点からD地点への経路[1]の重みは3kWh
[2 , 3, 4],      # C地点からD地点への経路[2]の重みは4kWh
[2 , 1, -2],     # C地点からB地点への経路[3]の重みは-2kWh
[0 , 2, 2]       # A地点からC地点への経路[4]の重みは2kWh
]
```

これは、図7-3で示した負閉路がある経路図の経路の情報です。

リスト7-2の実行結果を図7-15に示します。負閉路があることを判断できました。

図7-15　リスト7-2を反映したプログラム（bf2.py）の実行結果

8章

みんなが幸せになれる「安定マッチング」

8章のポイント！

新入社員にとって、希望した部署に配属されるかどうかは大きな不安の1つです。第1希望の部署に配属されなくて、がっかりすることもあるでしょう。配属先の部署側だって、希望するような新入社員がくるかどうか、不安です。

本章では、1つの部署に1人の新入社員が配属される場面を例にして、1対1のマッチングをする問題を解くアルゴリズムを紹介します。

本章の流れ

❶1対1のマッチングのパターンを考える

1対1のマッチングで、できるだけ不満が生じないようにするにはどうしたらいいのか、という問題を、**安定マッチング問題**と言います。本章では、新入社員と配属部署の安定したマッチングを考えます。

❷安定したマッチングを求めるアルゴリズム

安定マッチング問題を解くために、**ゲール＝シャプレー・アルゴリズム**の手順を紹介します。さらに、このアルゴリズムを使ったプログラムを作ります。

❸満足度が高いマッチングをするには？

ゲール＝シャプレー・アルゴリズムは、新入社員と配属部署のどちらかを主導にすることで、主導にした方の満足度が高い結果が得られます。それぞれの満足度を調べてみましょう。

❹ズルい戦略に対処できるかを確認する

新入社員が希望順位の低い部署に配属されたくないために、ズルい戦略で希望を出すことが考えられます。ゲール＝シャプレー・アルゴリズムを使うと、そのような場合でも安定したマッチング結果が得られます。そのことを確認しましょう。

Chapter 8

8章 みんなが幸せになれる「安定マッチング」

企業では、新入社員を迎えるときには、新人研修を経てから部署に配属となります。新入社員には希望の部署があり、部署には希望の新入社員がいるでしょう。できるだけ不満が生じないように配属するにはどうしたらよいか、というのが「安定マッチング問題」です。

◎1対1のマッチングのパターンを考える

1つの部署に複数の新入社員が配属される場合もありますが、問題をシンプルにするために、ここでは1つの部署に1人の新入社員が配属されることとします。このような1対1の安定マッチング問題を「安定結婚問題（stable marriage problem)」と呼びます。結婚は1対1でするものだからです。

本章では、この安定結婚問題を解く「ゲール＝シャプレー・アルゴリズム」を紹介します。ゲール＝シャプレー（Gale-Shapley）は、このアルゴリズムの考案者であるデイヴィッド・ゲールとロイド・ストウェル・シャプレー（どちらも米国の数学者・経済学者）の名前です。

▶安定したマッチングと不安定なマッチング

安定結婚問題という名前の問題ですが、話題が結婚では生々しすぎると思いますので、配属を例にして説明を続けます。Aさん、Bさん、Cさんという3人の新入社員が、X部、Y部、Z部という3つの部署に1対1で配属されるとします。新入社員と部署それぞれに調査用紙を配布し、希望部署リストと希望社員リストを書いてもらったところ、図8-1のような回答が得られました。

新入社員の希望部署リスト

名前	Aさん
第1希望	X部
第2希望	Y部
第3希望	Z部

名前	Bさん
第1希望	X部
第2希望	Y部
第3希望	Z部

名前	Cさん
第1希望	Y部
第2希望	Z部
第3希望	X部

部署の希望社員リスト

名前	X部
第1希望	Cさん
第2希望	Aさん
第3希望	Bさん

名前	Y部
第1希望	Bさん
第2希望	Cさん
第3希望	Aさん

名前	Z部
第1希望	Aさん
第2希望	Bさん
第3希望	Cさん

図8-1　各新入社員と各部署から得た調査用紙の回答

これらの調査用紙の回答を使って、安定マッチング問題の「安定」および「不安定」とは何かを説明しましょう。ここでは、3人の新入社員と3つの部署を1対1でマッチングするので、全部で6通りのパターンがあります（図8-2）。

パターン1（安定）

新入社員	部署
OK! Aさん	Cさん X部
X部 Bさん	OK! Y部
Y部 Cさん	A、Bさん Z部

パターン2（不安定）

新入社員	部署
OK! Aさん	Cさん X部
X、Y部 Bさん	Aさん Z部
OK! Cさん	Bさん Y部

パターン3（不安定）

新入社員	部署
X部 Aさん	B、Cさん Y部
OK! Bさん	C、Aさん X部
Y部 Cさん	A、Bさん Z部

パターン4（不安定）

新入社員	部署
X部 Aさん	B、Cさん Y部
X、Y部 Bさん	Aさん Z部
Y、Z部 Cさん	OK! X部

パターン5（不安定）

新入社員	部署
X、Y部 Aさん	OK! Z部
OK! Bさん	C、Aさん X部
OK! Cさん	Bさん Y部

パターン6（安定）

新入社員	部署
X、Y部 Aさん	OK! Z部
X部 Bさん	OK! Y部
Y、Z部 Cさん	OK! X部

図8-2　安定したマッチングと不安定なマッチング

それぞれのパターンでマッチングされたときに、新入社員と部署がどう思うかを吹き出しで示しています。

「OK!」という吹き出しは、第1希望が叶って満足しているという意味です。一方、部署名や人名が書かれているものは、吹き出しに示した相手の方がよかったと落胆していることを意味します。

「X、Y部」「A、Bさん」のように2つの部署名／人名が書かれている場合は、現在の相手が第3希望であり、第1希望と第2希望の部署名／人名が記されています。また、「X部」「Aさん」のように1つの部署名／人名が書かれている場合は、現在の相手が第2希望であり、第1希望の部署名／人名が記されています。

図8-2では、新入社員と部署のすべてが「OK!」となっているパターンはありませんが、パターン1、6は安定したマッチング、パターン2、3、4、5は不安定なマッチングと言えます。

ここでは「お互いに別のマッチングの方がよかった」という思いが一致する部分を、点線で結んでいます。この点線があるのが不安定なマッチングです。

例えば、パターン2では、Bさんは「Z部よりX部かY部の方がよかった」と思っていて、Y部は「CさんよりBさんの方がよかった」と思っています。この組み合わせは、BさんとY部の思いが一致するので変更するべきです。

パターン5は「OK!」が3つあり、多くの希望が叶っているので、ちょっと見たところ安定しているようにも見えますが、やはり「Z部よりX部かY部の方がよかった」というAさんと、「BさんよりCさんかAさんの方がよかった」というX部の思いが一致しています。これでは安定とは言えないのです。

一方、パターン1では、Bさんは「Y部よりX部の方がよかった」と思っていますが、X部は「AさんよりCさんの方がよかった」と思っています。このため、Bさんの思いは受け入れられません。同じように、Cさんは「Z部よりY部がよかった」と思っていますが、Y部は満足しているので、Cさんの思いは受け入れられません。このように、新入社員と部署の思いが一致する組み合わせがありません。

思いが一致する組み合わせがなくても、これが安定しているということです。別の相手の方がよかったという希望が叶う見込みが1つもないので、とりあえず全員が受け入れざるを得ないのです。

なお、安定したマッチングは1つとは限りません。この例のように、複数ある場合もあります。

▶安定したマッチングが確定するまでの手順

図8-3は、安定したマッチングであるパターン1が確定するまでの手順を示したものです。

(1)Aさんが第1希望のX部を希望する。

ライバルがいないのでマッチングする。

Aさん		
1	X部	
2	Y部	
3	Z部	

Bさん		
1	X部	
2	Y部	
3	Z部	

Cさん		
1	Y部	
2	Z部	
3	X部	

X部		
1	Cさん	
2	Aさん	
3	Bさん	

Y部		
1	Bさん	
2	Cさん	
3	Aさん	

Z部		
1	Aさん	
2	Bさん	
3	Cさん	

(2)Bさんが第1希望のX部を希望する。

X部の希望社員リストではBさんよりAさんの方が順位が上なのでマッチングを更新しない。

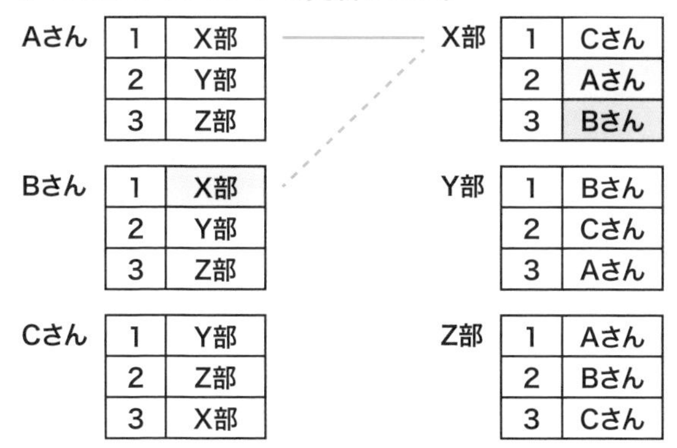

図8-3　図8-2の「パターン1」のマッチングが完了するまでの手順（1/3）

(3)Cさんが第1希望のY部を希望する。

ライバルがいないのでマッチングする。

Aさん	
1	X部
2	Y部
3	Z部

Bさん	
1	X部
2	Y部
3	Z部

Cさん	
1	Y部
2	Z部
3	X部

X部	
1	Cさん
2	Aさん
3	Bさん

Y部	
1	Bさん
2	Cさん
3	Aさん

Z部	
1	Aさん
2	Bさん
3	Cさん

(4)Aさんに負けたBさんが第1希望に上げたY部を希望する。

Y部の希望社員リストではCさんよりBさんの方が順位が上なのでマッチングを更新する。

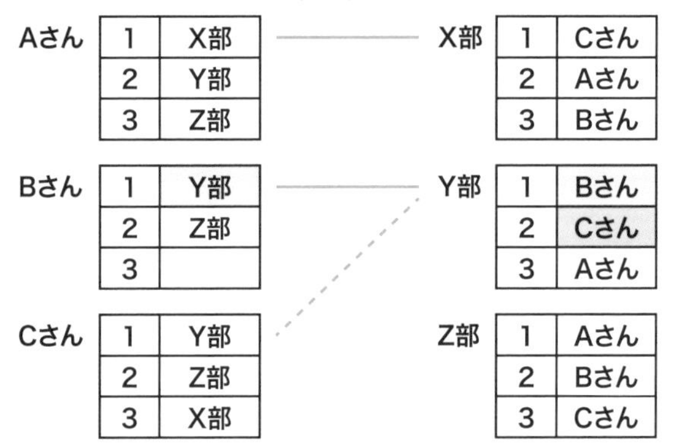

図8-3　図8-2の「パターン1」のマッチングが完了するまでの手順（2/3）

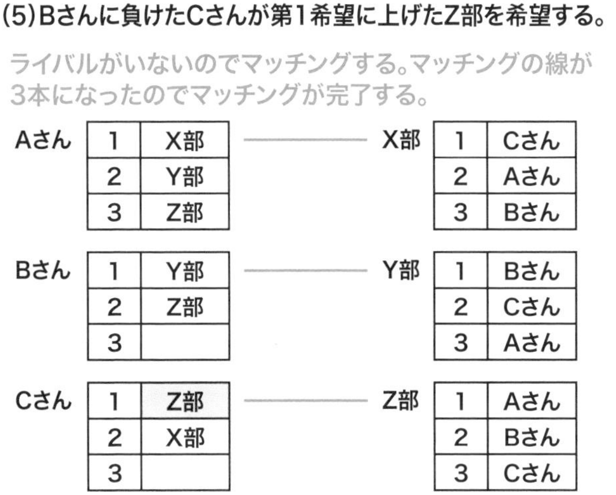

(5)Bさんに負けたCさんが第1希望に上げたZ部を希望する。

ライバルがいないのでマッチングする。マッチングの線が3本になったのでマッチングが完了する。

Aさん

1	X部
2	Y部
3	Z部

X部

1	Cさん
2	Aさん
3	Bさん

Bさん

1	Y部
2	Z部
3	

Y部

1	Bさん
2	Cさん
3	Aさん

Cさん

1	Z部
2	X部
3	

Z部

1	Aさん
2	Bさん
3	Cさん

図8-3　図8-2の「パターン1」のマッチングが完了するまでの手順（3/3）

図8-3では、左側に新入社員を、右側に部署を並べて、両者のマッチングを線で結んで示しています。

新入社員の希望部署が重なったときは、部署の希望社員リストで判断して勝敗を決めます。この争いに敗れた新入社員は、第1希望の部署をあきらめて、下位にあった部署を第1希望に上げて再チャレンジするのです。

マッチングの線が新入社員の数の3本になったときに、すべてのマッチングが確定します。

◎安定したマッチングを求めるアルゴリズム

それでは、安定結婚問題を解くゲール＝シャプレー・アルゴリズムの手順を説明します。

▶ゲール＝シャプレー・アルゴリズム

ゲールとシャプレーが1962年に発表した「College Admissions and the Stability of Marriage」という文献[*1]の中に示されたアルゴリズムを、ここまで例にし

*1 この文献は、https://www.eecs.harvard.edu/cs286r/courses/fall09/papers/galeshapley.pdf で確認できます。

てきた新入社員と部署のケースに合わせて書き換えて図8-4に示します。

後で説明しますが、図8-4では新入社員主導でマッチングを行うケースを使っています。このアルゴリズムを使えば、安定したマッチングが複数ある場合でも、その中の1つが得られます。

ループI

【手順1】
新入社員全員のマッチングが完了するまで繰り返します。

ループII

【手順2】
新入社員全員の処理が完了するまで、順番に新入社員を1人ずつ「req_name」として取り出します。

【手順3】
すでに新入社員「req_name」がマッチングされているなら、手順7に進みます。

【手順4】
新入社員「req_name」の現時点の第1希望の部署を「acc_name」として取り出し、新入社員「req_name」の希望部署リストから部署「acc_name」を削除します（ループIの次の繰り返しで、現時点で第2希望の部署を第1希望として扱えるようにするため）。

【手順5】
まだ部署「acc_name」にマッチングされているライバル「rival_name」がいないなら、部署「acc_name」に新入社員「req_name」をマッチングして手順7に進みます。

【手順6】
部署「acc_name」の希望社員リストにおいて、新入社員「req_name」の順位がライバル「rival_name」の順位より上なら、部署「acc_name」のマッチングを新入社員「req_name」で更新します。

【手順7】
新入社員全員の処理が完了したらループを抜けます。そうでない限り、手順2に戻ります。

【手順8】
新入社員全員のマッチングが完了したらループを抜けます。そうでない限り、手順1に戻ります。

【手順9】
マッチングが完了します。

図8-4　安定したマッチングを得るアルゴリズム（新入社員主導の場合）

このアルゴリズムでポイントとなるのは、手順5と手順6です。もし、部署「acc_name」にマッチングされているライバル「rival_name」がいないなら、部署「acc_name」に新入社員「req_name」をマッチングします。もし、ライバル「rival_name」がいる場合は、部署「acc_name」の希望社員リストで新入社員「req_name」がライバル「rival_name」の順位より上なら、部署「acc_name」

のマッチングを新入社員「req_name」で更新します。つまり、ライバル「rival_name」を負かして、新入社員「req_name」がマッチングを勝ち取るのです。

このマッチングは確定ではなく仮のものですが、仮のマッチングの数が新入社員全員の数と同じになれば、すべてのマッチングが確定します。

▶ゲール=シャプレー・アルゴリズムのプログラムを作る

では、ゲール=シャプレー・アルゴリズムをプログラムにしてみましょう。リスト8-1は、図8-4に示したアルゴリズムで3人の新入社員と3つの部署をマッチングするプログラムです。gs1.pyというファイル名で作成してください。

リスト8-1　3人の新入社員と3つの部署のマッチングを行うプログラム（gs1.py）

```
# 新入社員の名前と希望部署リストを格納した辞書
employee_dict = {
  "Aさん":["X部", "Y部", "Z部"],
  "Bさん":["X部", "Y部", "Z部"],
  "Cさん":["Y部", "Z部", "X部"]
}
                                                          (1)
# 3つの部署の名前と希望社員リストを格納した辞書
department_dict = {
  "X部":["Cさん", "Aさん", "Bさん"],
  "Y部":["Bさん", "Cさん", "Aさん"],
  "Z部":["Aさん", "Bさん", "Cさん"]
}

# 安定マッチングを行う関数の定義
def stable_match(request_dict, accept_dict):
  # マッチングした結果の辞書
  match_dict = {}

  # マッチングする数を得る
  req_len = len(request_dict)
                                                          (2)
  # マッチングが完了するまで繰り返す ――【手順1】 ループ①
  while len(match_dict) < req_len:
    # 要求側の辞書から順番に1つずつ名前を取り出す ――【手順2】 ループ②
    for req_name in request_dict:                  【手順3】
      # すでにマッチングされているなら、これ以降の処理をスキップする
      if req_name in match_dict.values():
```

次ページに続く

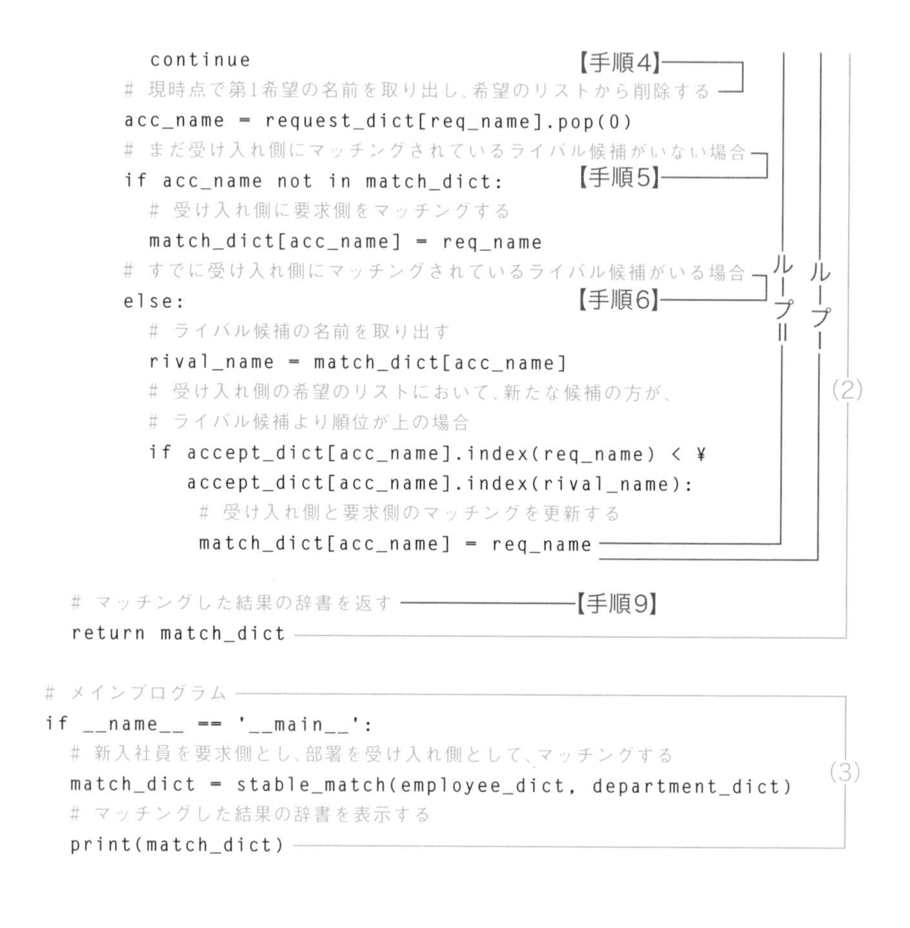

```
                continue
            # 現時点で第1希望の名前を取り出し、希望のリストから削除する
            acc_name = request_dict[req_name].pop(0)
            # まだ受け入れ側にマッチングされているライバル候補がいない場合
            if acc_name not in match_dict:
                # 受け入れ側に要求側をマッチングする
                match_dict[acc_name] = req_name
            # すでに受け入れ側にマッチングされているライバル候補がいる場合
            else:
                # ライバル候補の名前を取り出す
                rival_name = match_dict[acc_name]
                # 受け入れ側の希望のリストにおいて、新たな候補の方が、
                # ライバル候補より順位が上の場合
                if accept_dict[acc_name].index(req_name) < ¥
                   accept_dict[acc_name].index(rival_name):
                    # 受け入れ側と要求側のマッチングを更新する
                    match_dict[acc_name] = req_name

    # マッチングした結果の辞書を返す
    return match_dict

# メインプログラム
if __name__ == '__main__':
    # 新入社員を要求側とし、部署を受け入れ側として、マッチングする
    match_dict = stable_match(employee_dict, department_dict)
    # マッチングした結果の辞書を表示する
    print(match_dict)
```


リスト8-1の内容を説明しましょう。このプログラムは、大きく分けて3つの部分から構成されています。

(1) は、新入社員と部署から得た調査用紙（希望部署リストと希望社員リスト）をPythonの辞書で表したものです。employee_dictという辞書では、新入社員の名前をキーとして、希望部署リストをバリューとしています。リストの前にあるほど希望が上とします。もう1つのdepartment_dictという辞書では、部署の名前をキーとして、希望社員リストをバリューとしています。ここでも、リストの前にあるほど希望が上とします。employee_dictとdepartment_dictは同じ形式なので、新入社員主導でマッチングすることも、部署主導でマッチングすることもできます。後で実際に入れ替えてやってみます。

(2) は、安定マッチングを行うstable_match関数の定義です。引数のrequest_dictに要求側の辞書を指定し、accept_dictに受け入れ側の辞書を指定します。request_dictに新入社員の辞書を指定すれば新入社員主導となり、部署の辞書を指定すれば部署主導になります。stable_match関数の戻り値は、安定したマッチングの結果を格納した辞書であり、受け入れ側の名前がキーで、要求側の名前がバリューです。この辞書は、match_dictという名前で作成します。

その他のstable_match関数の処理内容は、先ほど図8-4の説明で示した通りです。リスト8-1に、プログラムが図8-4のどの手順に対応するかを示しました。ただし、手順7と手順8は前の処理に戻るだけなので、プログラム中には存在しません。

(3) は、stable_match関数を呼び出すメインプログラムです。ここでは、match_dict = stable_match(employee_dict, department_dict)としているので、要求側がemployee_dict、つまり新入社員主導でマッチングしています。マッチングの結果として得られた辞書は、そのまま画面に表示しています。先ほど説明したように、この辞書は受け入れ側の名前がキーで、要求側の名前がバリューです。

プログラムを実行してみましょう。図8-5に実行結果を示します。

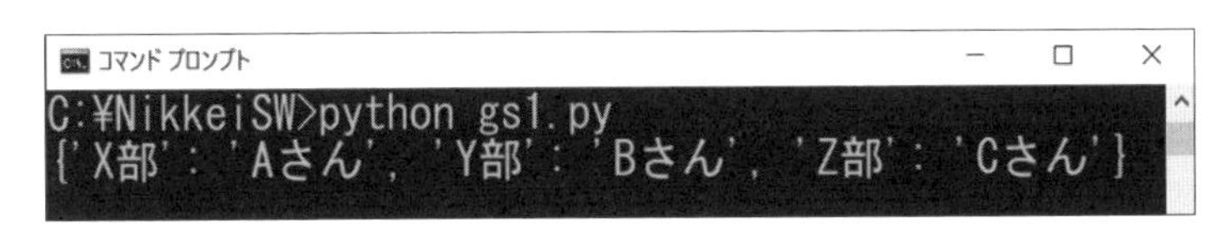

図8-5　リスト8-1のプログラム（gs1.py）の実行結果

マッチングした結果の辞書の内容が「{'X部': 'Aさん', 'Y部': 'Bさん', 'Z部': 'Cさん'}」ですから、図8-2に示した2つの安定したマッチングの中で、パターン1が得られています。

◎満足度が高いマッチングをするには？

ゲール＝シャプレー・アルゴリズムの優れた点は、主導側が満足する結果が得られるということです。これまで例にしてきた3人の新入社員と3つの部署のマッチングでは、安定したマッチングが2つありました。図8-2に示したパターン1の

「Aさん→X部、Bさん→Y部、Cさん→Z部」と、パターン6の「Aさん→Z部、Bさん→Y部、Cさん→X部」です。この2つのパターンで、新入社員および部署の満足度を比べてみましょう。

▶満足度を比較する

ここでは、第1希望なら3点、第2希望なら2点、第3希望なら1点として満足度を点数で表してみます（図8-6）。

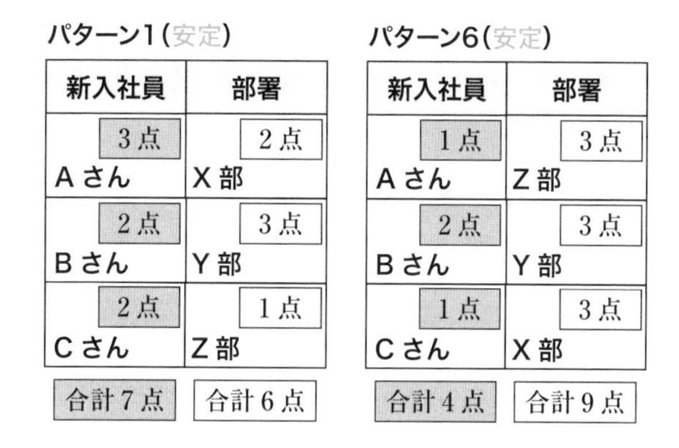

図8-6　安定したマッチングにおける新入社員および部署の満足度

先ほどのプログラムの実行結果で得られたパターン1では、満足度の合計点が、新入社員が7点、部署が6点です。新入社員の満足度の方が高いのは、match_dict = stable_match(employee_dict, department_dict)を実行して、新入社員（employee_dict）主導でマッチングを行ったからです。

パターン6では、満足度の合計点が、新入社員が4点、部署が9点で、逆に部署の方の満足度が高くなっています。先ほどのプログラムで、match_dict = stable_match(department_dict, employee_dict)を実行して、部署（department_dict）主導でマッチングを行えば、この結果になります。

▶部署主導でマッチングを行うプログラム

部署主導でマッチングを行うと、部署の方の満足度が高くなるパターン6が得られることを、プログラムでも確認しておきましょう。リスト8-1の（3）のメインプログラムの部分を、リスト8-2に示したように書き換えて、gs2.pyというファイル名で作成してください。

リスト8-2　部署主導でマッチングするメインプログラム（gs2.pyの一部）

```
# メインプログラム
if __name__ == '__main__':
    # 部署を要求側とし、新入社員を受け入れ側として、マッチングする
    match_dict = stable_match(department_dict, employee_dict)
    # マッチングした結果の辞書を表示する
    print(match_dict)
```

図8-7にgs2.pyの実行結果を示します。

図8-7　リスト8-2に書き換えた後のプログラム（gs2.py）の実行結果

マッチングした結果の辞書の内容は「{'Cさん': 'X部', 'Bさん': 'Y部', 'Aさん': 'Z部'}」となり、部署の方の満足度が高くなるパターン6が得られました。

◎ズルい戦略に対処できるかを確認する

ゲール＝シャプレー・アルゴリズムには、もう1つ優れた点があります。ズルい戦略を立てても、安定したマッチングが得られるというところです。

▶ズルい戦略の希望を出してマッチングする

例えば、新入社員の部署への配属において、プロ野球のドラフト会議の1巡目の入札指名のように「希望が重複した場合は抽選で決め、重複しない場合はその時点で確定する」というアルゴリズムを使うとどうなるでしょうか。

第1希望の部署が、誰もが希望する人気の部署だとしましょう。その場合、第1希望の部署を希望しても、配属されない可能性が大いにあります。人気が殺到し

た結果、もしかすると第3希望の部署に配属されてしまうかもしれません。当たり前ですが、第3希望の部署よりも第2希望の部署に配属される方がマシです。そのため、「本当の第1希望はX部だが、希望が重複すると思われるので、本当は第2希望のY部を第1希望にする」というように、第3希望の部署へ配属されないためのズルい戦略を立てることができてしまいます。これでは、安定したマッチングが得られない場合があります。

実際に確認してみましょう。どの新入社員も、本当は「第1希望がX部、第2希望がY部、第3希望がZ部」だとします。そして、どの部署も本当は「第1希望がAさん、第2希望がBさん、第3希望がCさん」だとします。Aさん、Bさん、X部、Y部、Z部は本当の希望を出しましたが、Cさんだけは「第1希望がY部、第2希望がX部、第3希望がZ部」というズルい戦略の希望を出しました。はたして、Cさんは第1希望（本当は第2希望）のY部にマッチングされるのでしょうか。

プログラムで確認してみましょう。リスト8-1の（1）の辞書を定義している部分を、リスト8-3に示した内容に書き換えてgs3.pyというファイル名で作成してください。

リスト8-3　ズルい戦略を反映した希望部署リストと希望社員リスト（gs3.pyの一部）

```
# 新入社員の名前と希望部署リストを格納した辞書
employee_dict = {
  "Aさん":["X部", "Y部", "Z部"],
  "Bさん":["X部", "Y部", "Z部"],
  "Cさん":["Y部", "X部", "Z部"]     # CさんだけY部を第1希望に
}

# 3つの部署の名前と希望社員リストを格納した辞書
department_dict = {
  "X部":["Aさん", "Bさん", "Cさん"],
  "Y部":["Aさん", "Bさん", "Cさん"],
  "Z部":["Aさん", "Bさん", "Cさん"]
}
```

図8-8にgs3.pyの実行結果を示します。

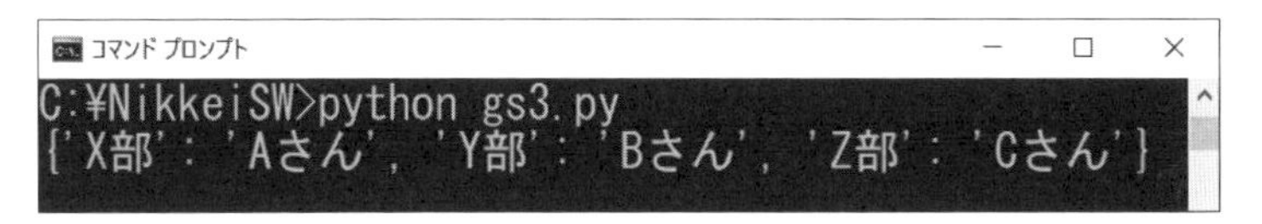

図8-8　リスト8-3に書き換えた後のプログラム（gs3.py）の実行結果

マッチングした結果の辞書の内容は「{'X部': 'Aさん', 'Y部': 'Bさん', 'Z部': 'Cさん'}」となり、Cさんは第1希望のY部にマッチングされませんでした。Cさんは、第3希望のZ部にマッチングされています。

ただしこれは、ズルい戦略を立てたCさんを懲らしめるために最も希望順位が低いZ部にマッチングしたのではありません。新入社員と部署の希望に対して、新入社員主導で得た安定したマッチングの結果です。

Chapter 8

9章

あなたは文系か理系か、それとも両方か？

9章のポイント!

100人の学生を、国語と数学のテストの得点だけで4つのグループに分けます。「国語が得意な文系グループ」「数学が得意な理系グループ」「両方得意なグループ」「両方苦手なグループ」の4つのグループに分けられるでしょう。

このように、“似たもの同士”を集めてグループ分けする「クラスタリング」で使う、いくつかのアルゴリズムを紹介します。

本章の流れ

❶100人の学生を4つのグループに分ける方法

100人の学生の国語と数学のテストの得点のデータから、学生を4つのグループに分けます。このように、データをグループ分けする**クラスタリング**のアルゴリズムを紹介します。

❷「k-means法」でクラスタリングをする

「**k-means法**」というアルゴリズムを使って、クラスタリングを行います。プログラムの実行結果を確認しながら、手順を理解しましょう。

❸「k-means++法」でクラスタリングする

k-means法では、適切なグループ分けができないことがあります。そこで、k-means法の一部を改良した「**k-means++法**」というアルゴリズムを使って、クラスタリングを行ってみましょう。

❹適切なクラスタ数を見つけるには？

100人の学生は、4つのグループに分けるのが適切なのでしょうか。3つのグループや、5つのグループの方が良いかもしれません。適切なグループの数（**クラスタ数**）を判断する「**エルボー法**」を紹介します。

9章 あなたは文系か理系か、それとも両方か？

あなたの手元には、100人の学生の国語と数学のテストの得点のデータがあるとします。このデータを使って、100人の学生を4つのグループに分けてみましょう。本章では、データをグループ分けする「クラスタリング」のアルゴリズムを解説します。

◎100人の学生を4つのグループに分ける方法

はじめに、クラスタリングとは何かを説明します。図9-1を見てください。これは、100人の学生の国語と数学のテストの得点（架空のデータ）を、散布図に示したものです。

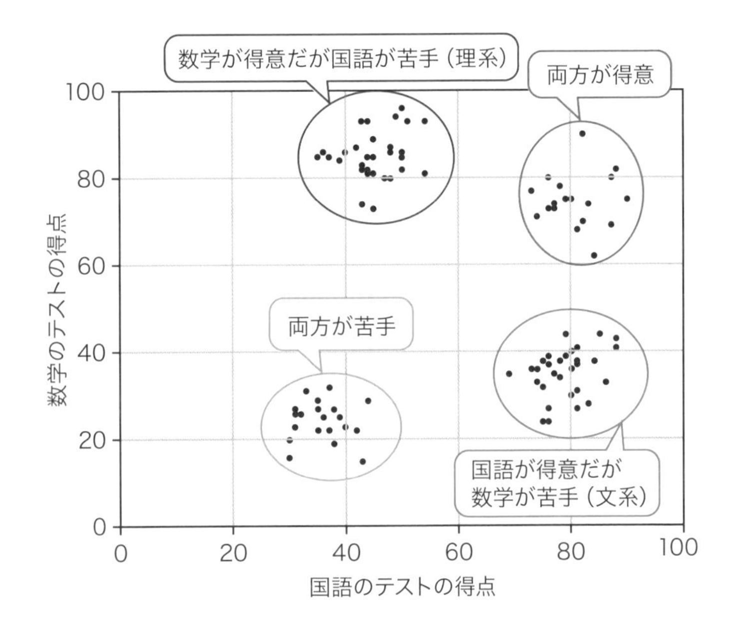

図9-1　100人の学生に国語と数学のテストを行った結果

図9-1は、1つの点が、1人の学生のデータを表しています。これらのデータを人間が見れば、「国語が得意だが数学が苦手（いわゆる文系）」「数学が得意だが国語が苦手（いわゆる理系）」「両方が得意」「両方が苦手」という4つのグループに分けられるでしょう。それをコンピュータで行うのが、クラスタリングです。

クラスタ（cluster）とは、「果実の房」や「集団」という意味です。本章では、大量のデータをクラスタリングすることに適したアルゴリズムである「k-means法」、k-means法を改良した「k-means++法」、そして適切なクラスタ数を判断する「エルボー法」を紹介します。kはクラスタ数を意味し、meansは「平均」という意味です。エルボー（elbow）は、「肘（ひじ）」という意味です。なぜ、平均や肘なのかは、後でわかります。

▶「k-means法」の手順

まずは、「k-means法」でクラスタリングをやってみましょう。k-means法の手順を以下に示します。

k-means法の手順

【手順1】ランダムな位置にk個の中心点を配置する。

【手順2】最も近い中心点にデータをグループ分けする。

【手順3】各グループで平均位置（位置の合計値／データの数）を求め、中心点を移動する[*1]。

【手順4】中心点の位置の変化がなくなるまで（グループ分けが完了するまで）、手順2と手順3を繰り返す。

この手順は、説明を読むより、実際にやってみた結果を見た方がわかりやすいでしょう。結果を確認しながら、手順を説明していきます。

---

*1 「k-means法」の名前は、平均（means）を求めることに由来しています。

◎「k-means法」でクラスタリングをする

k-means法でクラスタリングするプログラムの実行結果を見ていきます。詳細なコードは後で示しますが、k-means法の手順をビジュアルで示すプログラムです。

▶ k-means法によるクラスタリングの初期画面

図9-2はこのプログラムを実行した初期画面です。【手順1】の「ランダムな位置にk個の中心点を配置する」の処理結果が表示されています。

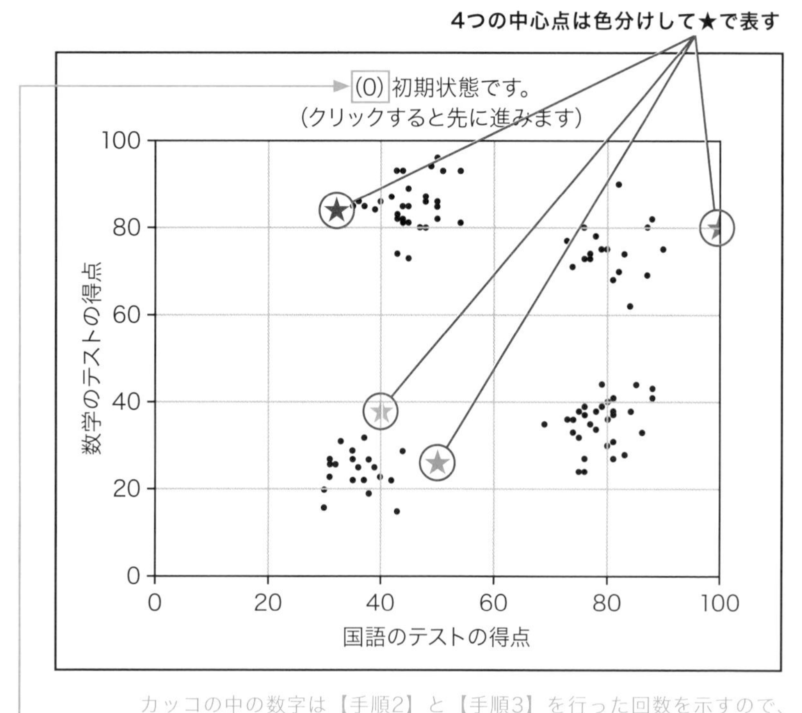

図9-2　k-means法でクラスタリングするプログラムの実行結果の初期画面

この初期画面では、4個の中心点を色分けした★で配置しています。画面をクリックすると、【手順2】以降に従って画面が変化していきます。

k-means法の手順のポイント

図9-2の画面をクリックして次の画面に進む前に、シンプルな図を使って、【手順2】～【手順4】の考え方を説明します。ここがk-means法の手順のポイントです。

【手順2】では、図9-3のように、ランダムに配置された4つの中心点と各データとの距離を求め、最も近い中心点にデータをグループ分けします。

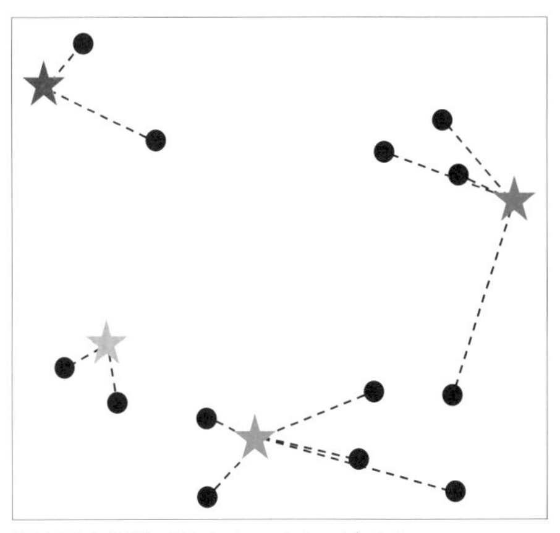

図9-3　k-means法の【手順2】で、各データから最も近い中心点を求める

【手順3】では、図9-4のように、各グループで平均位置を求め、中心点をそれぞれの平均位置に移動します。平均位置とはデータの位置の平均のことで、各データの位置（座標）の合計値をデータの数で割って算出します。

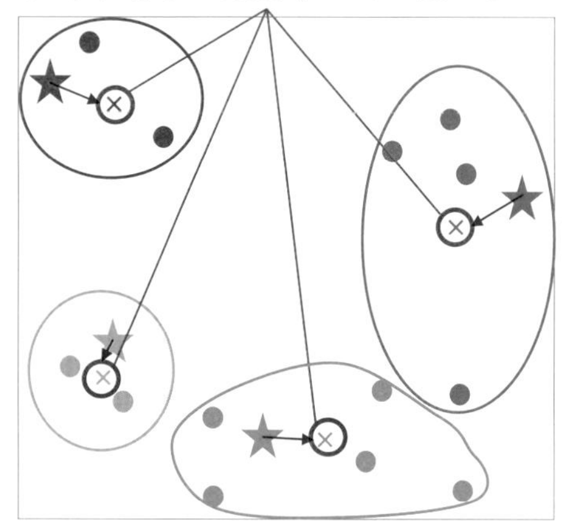

図9-4　k-means法の【手順3】で、各グループの平均位置を求める

【手順4】では、図9-5のように、【手順2】と【手順3】を繰り返します。各グループの平均位置を求めたときに、それ以前の中心点の位置から変化がなくなるまで、グループ分けを調整するのです。

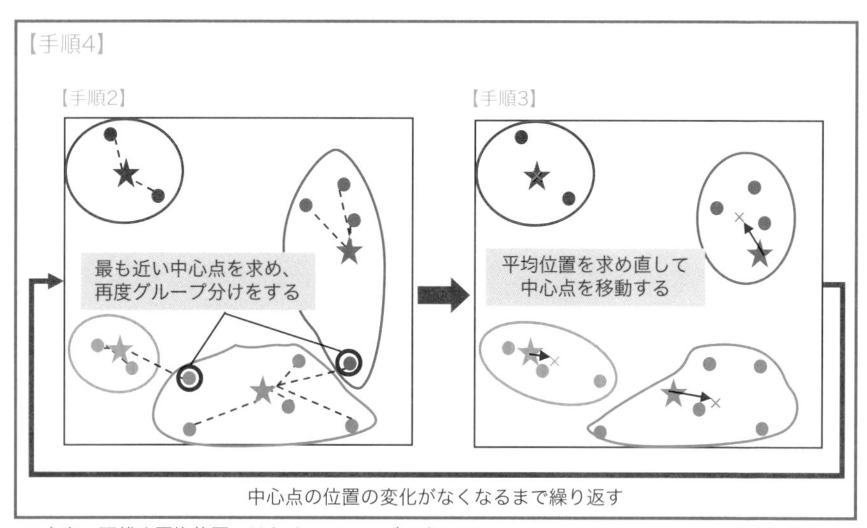

図9-5　k-means法の【手順4】では、【手順2】と【手順3】を繰り返す

▶k-means法によるクラスタリングの結果

では、プログラムの実行結果の説明に戻ります。図9-2の初期画面から画面を順番にクリックし、手順2と手順3を繰り返し行ったときの画面の変化を、図9-6に示します。(2) と (4) の図内において破線で描かれている○は、中心点が元々あった位置を示しています。手順2と手順3を繰り返すことで、中心点が移動していくことがわかります。

(1)【手順2】の1回目

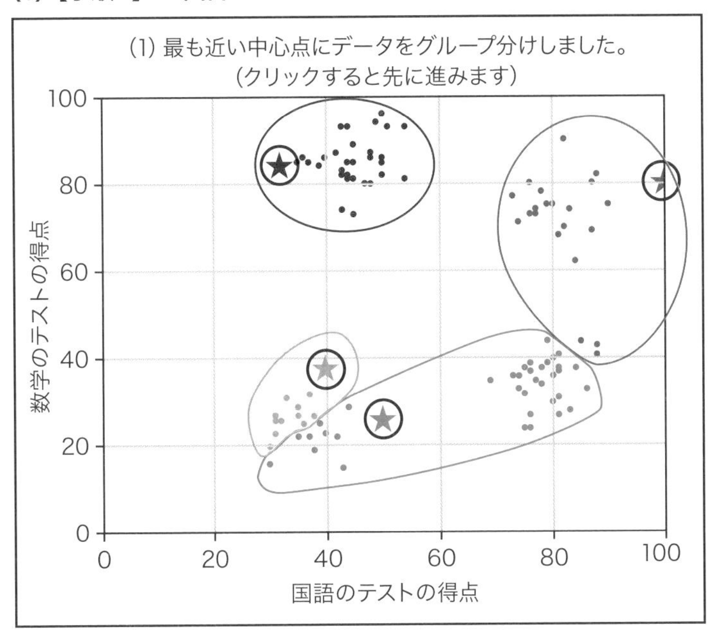

図9-6 k-means法でクラスタリングするプログラムの実行結果（1/4）

(2)【手順3】の1回目

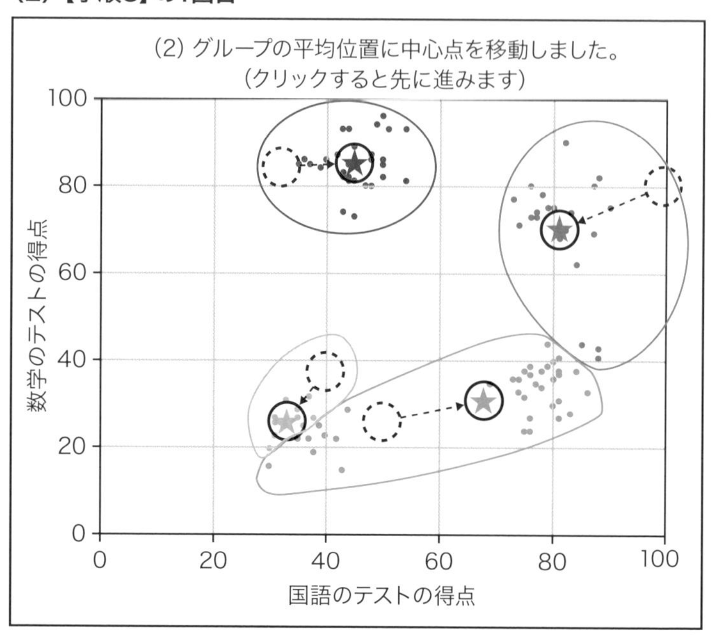

(3)【手順2】の2回目

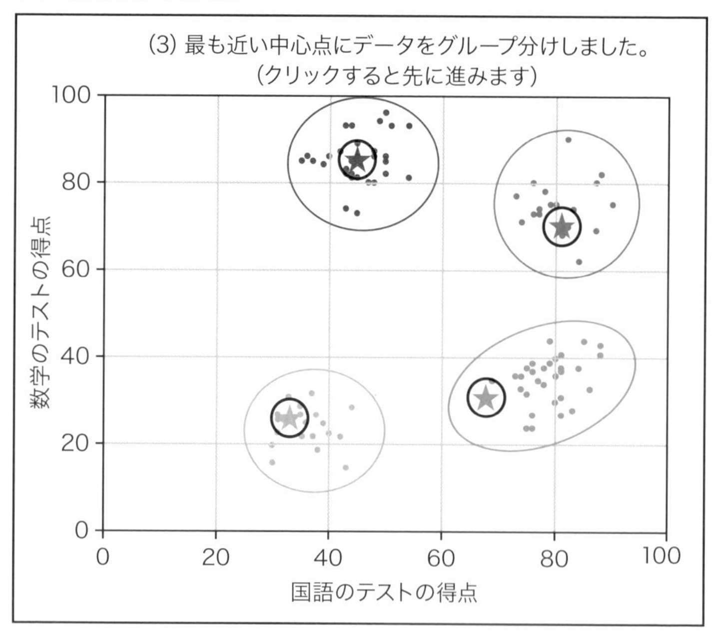

図9-6　k-means法でクラスタリングするプログラムの実行結果（2/4）

(4)【手順3】の2回目

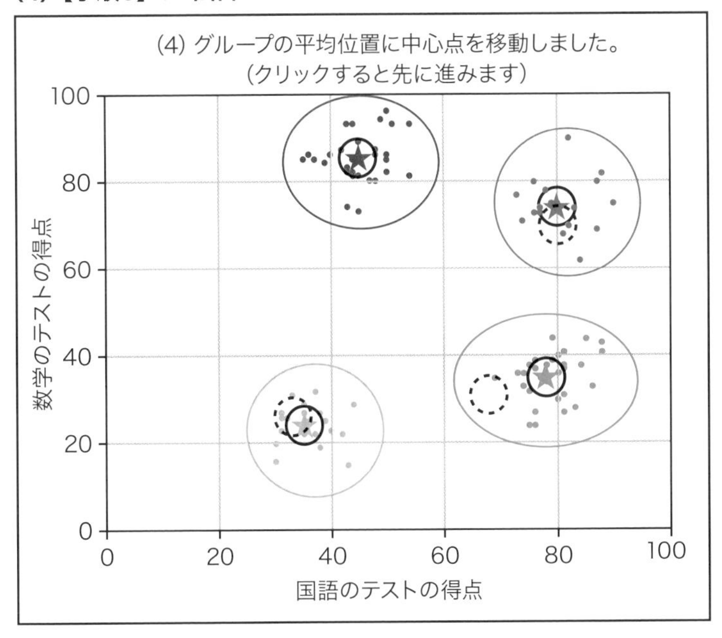

(5)【手順2】の3回目

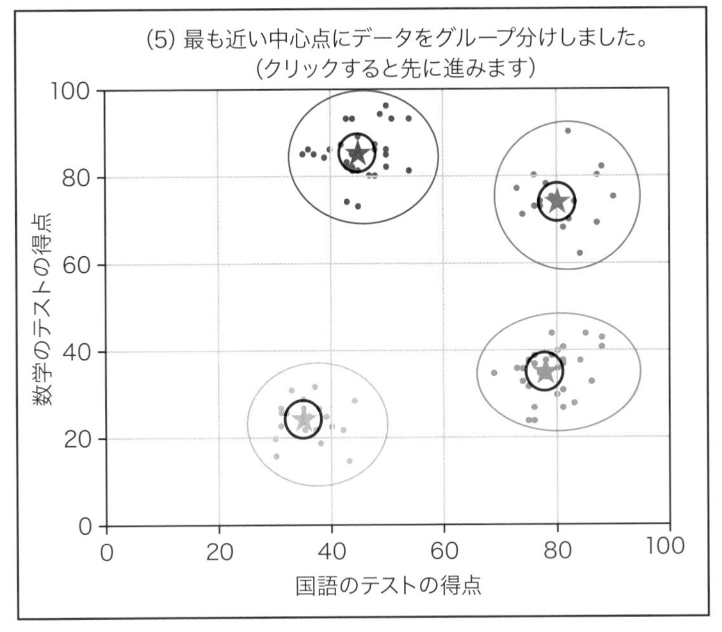

図9-6 k-means法でクラスタリングするプログラムの実行結果（3/4）

(6)【手順3】の3回目

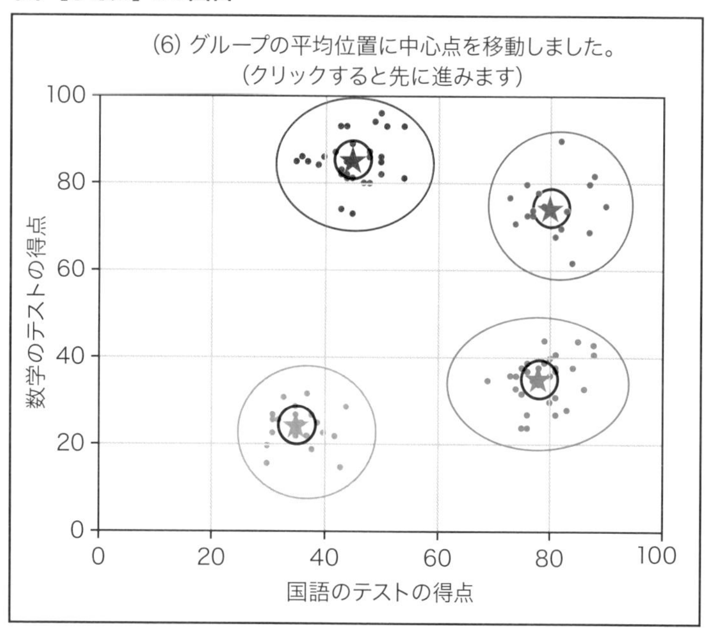

図9-6　k-meansでクラスタリングするプログラムの実行結果（4/4）

図9-6の（1）は図9-2の初期画面をクリックし、【手順2】のプログラムを実行した結果です。各データを最も近い中心点と同じ色でグループ分けしました。

（2）は、（1）の画面をクリックして【手順3】のプログラムを実行した結果で、各グループの平均位置に中心点を移動しました。

（3）では、（2）で移動した中心点と各データとの距離を求め、最も近い中心点にグループを分け直しました。

（4）では、（3）で分けたグループで再び平均位置を求め、中心点からずれている場合は平均位置へ中心点を移動しました。

このようにして【手順4】の通りに【手順2】と【手順3】を繰り返します。

（6）で中心点の位置の変化がなくなったのでグループ分けの完了です。

【手順4】完了後の最終画面を、図9-7に示します。

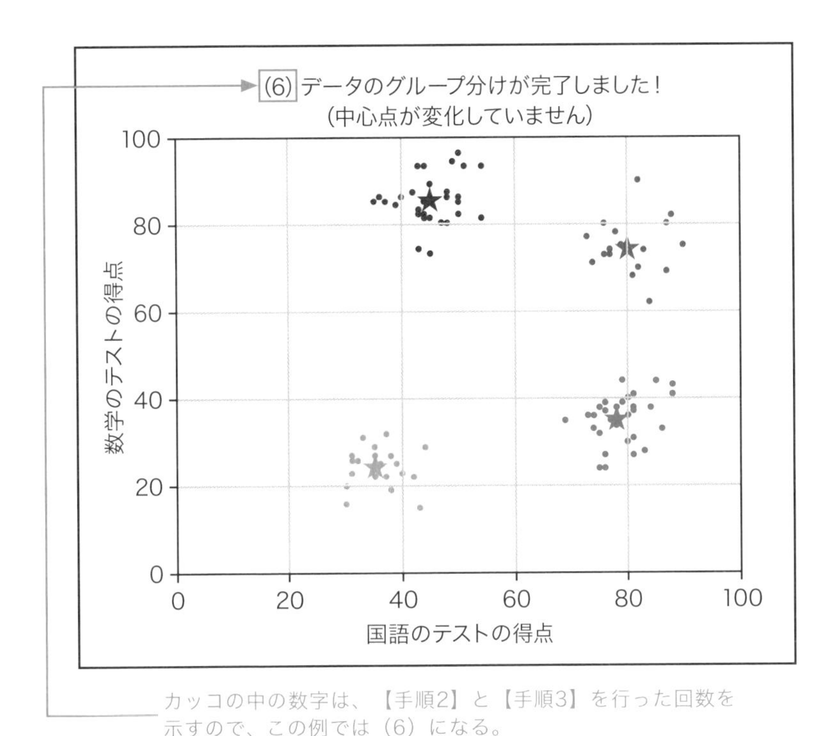

図9-7　k-meansでクラスタリングするプログラムの実行結果の最終画面

図9-7画面上部にあるカッコの中の数字は、【手順2】と【手順3】を行った回数を示します。この例では、6回の処理でクラスタリング（グループ分け）が完了したので（6）と表示されています。

このように、「最も近い中心点へのグループ分け」と「グループの平均位置への中心点の移動」を繰り返すことで、データ間の距離を基準にし、あらかじめ決めたクラスタ数にデータが分かれるように調整しているのです。

本章で使っている学生の得点のデータは、乱数を使って作成した架空のものです。これから説明するプログラムでは、どのプログラムでも同じ乱数で作成した同じデータを使っています。同じデータに対して、中心点の位置やクラスタ数を変えて、それぞれの結果を比べるためです。

▶k-means法でクラスタリングするプログラム

リスト9-1が、図9-2、9-6、9-7で実行結果の例を示したプログラムです。clustering1.pyというファイル名で作成してください。

リスト9-1　k-means法でクラスタリングするプログラム（clustering1.py）

```
# モジュールをインポートする ─────────────────────────
import matplotlib.pyplot as plt # グラフを描画するモジュール
import random                   # 乱数の生成や選択を行うモジュール
import copy                     # オブジェクトをコピーするモジュール

# グループ化の対象となるデータ
student_num = 100          # 学生の人数
japanese_score = []        # 国語の得点(グラフのx軸)
math_score = []            # 数学の得点(グラフのy軸)

# 中心点
k = 4                      # 中心点の数(クラスタの数)
japanese_center = []       # 国語の中心点
math_center = []           # 数学の中心点
center_fixed = False       # 中心点が変化していないことを示すフラグ⏎
(処理の終了の判断に使う)                                              (1)

# グループを識別する色(0=赤、1=緑、2=青、3=橙、4=紫、5=茶、6=水、7=桃色、⏎
8=黄、9=灰、10=黒)
group_color = ["red", "green", "blue", "orange", "purple"⏎
, "brown", "aqua", "pink", "yellow", "gray", "black"]
# 学生をグループ分けした結果(初期値の-1はグループ分けされていないことを意味⏎
し、散布図に黒で表示される)
group_idx = [-1] * student_num

# ウインドウがクリックされた回数(奇数のときはグループ分け、偶数のときは中心点⏎
の移動を行う)
press_count = 0 ─────────────────────────────────

# 100人の学生の架空の得点データを作成する関数の定義 ─────────
def make_100data():
    # グローバル宣言
    global japanese_score, math_score
    # 乱数の種を固定する(同じデータで、中心点を変えて、結果を比べるため)   (2)
    random.seed(60)
    # 国語の平均80点標準偏差5で、数学の平均35点標準偏差5の学生が30人
```

次ページに続く

```
    for _ in range(30):
        japanese_score.append(int(random.normalvariate(80, 5)))
        math_score.append(int(random.normalvariate(35, 5)))
    # 国語の平均45点標準偏差5で、数学の平均85点標準偏差5の学生が30人
    for _ in range(30):
        japanese_score.append(int(random.normalvariate(45, 5)))
        math_score.append(int(random.normalvariate(85, 5)))
    # 国語の平均80点標準偏差5で、数学の平均75点標準偏差5の学生が20人      (2)
    for _ in range(20):
        japanese_score.append(int(random.normalvariate(80, 5)))
        math_score.append(int(random.normalvariate(75, 5)))
    # 国語の平均35点標準偏差5で、数学の平均25点標準偏差5の学生が20人
    for _ in range(20):
        japanese_score.append(int(random.normalvariate(35, 5)))
        math_score.append(int(random.normalvariate(25, 5)))

# 中心点の初期位置を設定する関数の定義
def init_center():
    # グローバル宣言
    global japanese_center, math_center, k
    # 乱数の種を変える(中心点を変えて、結果を比べるため)
    random.seed()                                                     (3)
    # 中心点の初期位置をランダムに設定する ――――――――【手順1】
    for _ in range(k):
        japanese_center.append(random.randint(0, 100))
        math_center.append(random.randint(0, 100))

# 現在のデータを散布図に設定する関数の定義
def set_scatter(description):
    # グローバル宣言
    global japanese_score, math_score, student_num, japanese_⏎
center,¥
    math_center, k, group_color
    # 散布図の外観を設定する
    plt.xlim(0, 100)
    plt.ylim(0, 100)                                                  (4)
    plt.title(description, fontname="MS Gothic")
    plt.xlabel("国語のテストの得点", fontname="MS Gothic")
    plt.ylabel("数学のテストの得点", fontname="MS Gothic")
    plt.grid(True)
    # 中心点を散布図に設定する
    for i in range(k):
        plt.scatter(japanese_center[i], math_center[i], s=300,
```

次ページに続く

Chapter 9

```
        c=group_color[i], marker="*", alpha=0.5)
    # 100人の学生の得点を散布図に設定する
    for i in range(student_num):                                          (4)
        plt.scatter(japanese_score[i], math_score[i],
        c=group_color[group_idx[i]], marker=".")

# 最も近い中心点にグループ分けする関数の定義
def grouping():
    # グローバル宣言
    global japanese_score, math_score, student_num, japanese↩
_center,¥
    math_center, k, group_idx
    # 100人の学生のデータをグループ分けする ――――――【手順2】
    for i in range(student_num):                                          (5)
        # 中心点までの距離を求める(リストにする)
        dist = []
        for j in range(k):
            dist.append((japanese_score[i] - japanese_center↩
[j])**2 +
            (math_score[i] - math_center[j])**2)
        # 最も近いグループを設定する
        group_idx[i] = dist.index(min(dist))

# それぞれのグループの平均位置に中心点を移動する関数の定義
def move_center():
    # グローバル宣言
    global japanese_score, math_score, student_num, japanese_↩
center,¥
    math_center, k, group_idx, center_fixed
    # 現在の中心点の位置を保存する
    prev_japanese_center = copy.copy(japanese_center)
    prev_math_center = copy.copy(math_center)
    # グループごとに、位置の合計値およびデータ数を集計するリストを用意する
    japanese_sum = [0] * k                                                (6)
    math_sum = [0] * k
    group_data_num = [0] * k
    # 位置の合計値を求める
    for i in range(student_num):
        japanese_sum[group_idx[i]] += japanese_score[i]
        math_sum[group_idx[i]] += math_score[i]
        group_data_num[group_idx[i]] += 1                        【手順3】
    # 位置の合計値/データ数=平均位置を求めて、そこに中心点を移動する ┘
    for i in range(k):
```

次ページに続く

```
        if group_data_num[i] != 0:
            japanese_center[i] = japanese_sum[i] // group_da↩
ta_num[i]
            math_center[i] = math_sum[i] // group_data_num[i]    (6)
    # 中心点が変化したかどうかをチェックする
    center_fixed = prev_japanese_center == ¥
    japanese_center and prev_math_center == math_center

# マウスがクリックされたときに呼び出される関数の定義
def button_press(event):
    # グローバル宣言
    global center_fixed, press_count
    # 中心点が変化していないなら処理を行わない ――――――【手順4】
    if center_fixed:
        plt.title(f"({press_count})データのグループ分けが完了しまし↩
た！¥n¥
        (中心点が変化していません）", fontname="MS Gothic")
        plt.draw()
        return
    # クリックされた回数に1を加える
    press_count += 1
    # 現在の散布図を消去する
    plt.clf()                                                  (7)
    # クリックされた回数が奇数のときはグループ分けを行う
    if press_count % 2 == 1:
        grouping()
        set_scatter(f"({press_count})最も近い中心点にデータをグルー↩
プ分けしました。¥n¥
        (クリックすると先に進みます) ")
    # クリックされた回数が偶数のときは中心点の移動を行う
    else:
        move_center()
        set_scatter(f"({press_count})グループの平均位置に中心点を移↩
動しました。¥n¥
        (クリックすると先に進みます) ")
    # 新たな散布図を描画する
    plt.draw()

# メインプログラム
if __name__ == '__main__':
    # 100人の学生の架空の得点データを作成する
    make_100data()                                             (8)
    # 中心点の初期位置を設定する
```

次ページに続く

Chapter 9

```
    init_center()
    # 初期状態のデータを散布図に設定する
    set_scatter(f"({press_count})初期状態です。¥n
(クリックすると先に進みます)")
    # 散布図がクリックされたときに呼び出される関数を設定する
    plt.connect("button_press_event", button_press)
    # ウインドウを表示する
    plt.show()
```
(8)

リスト9-1のプログラムは、大きく分けて8つの部分から構成されています。

(1) では、必要なモジュールのインポートやグローバル変数の宣言をします。

(2) は100人の学生の架空の得点データを作成するmake_100data関数で、(3) は中心点の初期位置を設定するinit_center関数です。(4) は現在のデータを散布図に設定するset_scatter関数です。(5) は最も近い中心点にグループ分けするgrouping関数で、(6) はそれぞれのグループの平均位置に中心点を移動するmove_center関数です。

(7) はマウスがクリックされたときに呼び出されるbutton_press関数で、中心点が変化しなくなるまで (5) と (6) の処理を繰り返します。

(8) はメインプログラムです。

プログラムに多くのコメントを付けていますので、グローバル変数の役割や関数の処理内容に関しては、コメントを参照してください。

Pythonでは、scikit-learnやNumPyなどのライブラリを使えばもっと短いプログラムでクラスタリングを行えるのですが、ここではそれらを使っていません。アルゴリズムを理解することとアルゴリズムを具現化するプログラムを作ることを楽しむためです。

1点だけポイントを説明しておきましょう。(5) のgrouping関数では、中学の数学で習う「ピタゴラスの定理 (三平方の定理)」を使って、データから中心点までの距離を求めています (図9-8)。

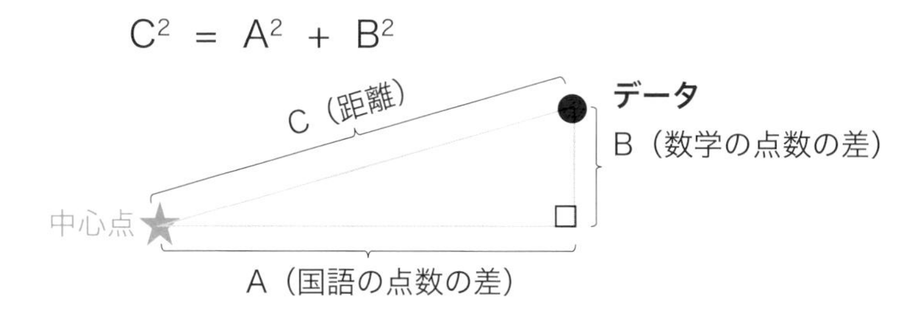

図9-8　ピタゴラスの定理を使って、データから中心点までの距離を求める

図9-8に示したように、データと中心点の国語の点数の差をA、数学の点数の差をB、データから中心点までの距離をCとすれば、$C^2 = A^2 + B^2$が成り立ちます。これがピタゴラスの定理です。したがって、$A^2 + B^2$の平方根を求めればCを得られます。ただし、ここでは、距離の大きさを比較できればよいので、そのままC^2を使っています。いちいち平方根を求めるより効率的だからです。

◎「k-means++法」でクラスタリングする

次は、k-means法を改良した「k-means++法」を使ってみましょう。

▶k-means法で適切にグループ分けできない場合

先ほど紹介したk-means法では、中心点の初期位置をランダムに決めていました。そのため、初期位置によっては、「適切にグループ分けできない」や「処理回数が多くなる」という問題が生じることがあります。

例えば、リスト9-1のプログラムを何度か実行して、中心点の初期位置が、図9-9になったとしましょう。

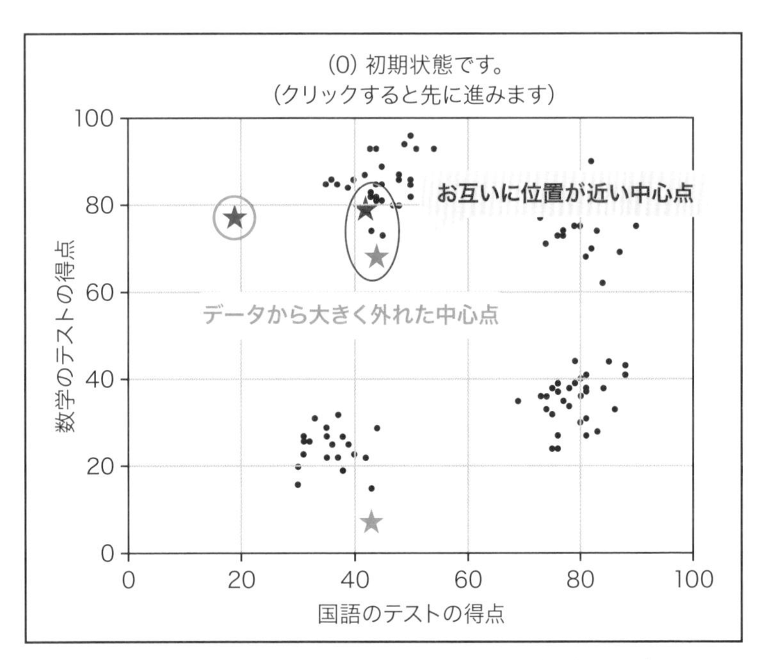

図9-9　k-means法による中心点の初期位置（不適切な例）

図9-9では、「データから大きく外れた中心点」と、「お互いに位置が近い中心点」があることに注目してください。この初期位置でクラスタリングを行うと、適切にグループ分けされないのです。ここでは4つにグループ分けされることが適切ですが、3つにグループ分けされてしまいます（図9-10）。さらに、グループ分けが完了するまでに【手順2】と【手順3】を行った回数は、12回であり、とても多くなっています。

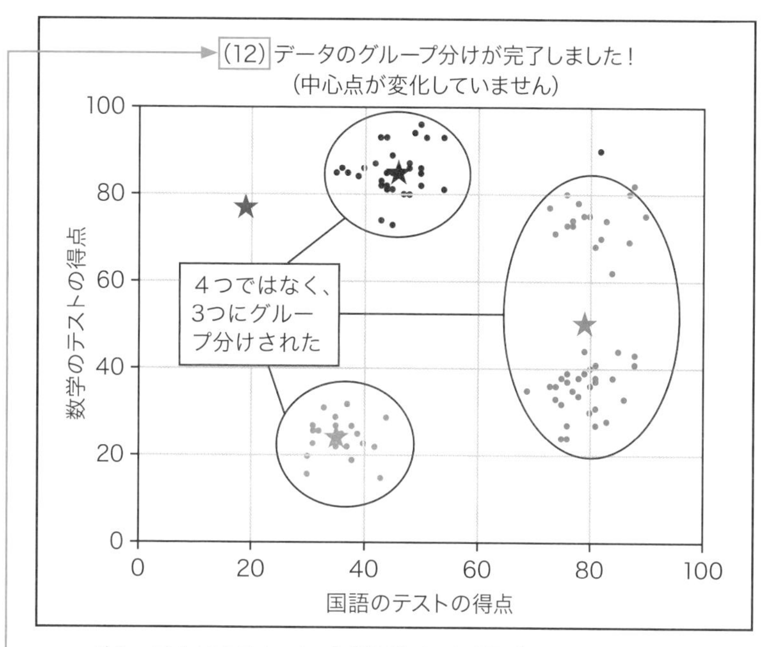

図9-10　k-means法によるグループ分け完了後の最終画面（不適切な例）

▶ k-means++ 法の手順

k-means++ 法は、k-means 法の【手順 1】を変更したアルゴリズムです。中心点の初期位置がお互いに遠く離れるようになる確率を高くすることで、k-means 法で起こり得る、先ほどの問題を改善します。

k-means++ 法で、k 個の中心点の初期位値を決める手順を以下に示します。

k-means++ 法で k 個の中心点の初期位置を求める手順

【手順 1】データの中からランダムに 1 つを選び、1 つ目の中心点とする。

【手順 2】すべてのデータに対して、最も近くにある中心点との距離を求める。

【手順 3】すべてのデータに対して、「距離／距離の合計」を求め、それぞれのデータが中心点として選ばれる確率とする。その確率に応じて次の中心点を選ぶ。

【手順4】k個の中心点が得られるまで、手順2と手順3を繰り返す。

この手順で中心点の初期位値を決めた後は、k-means法と同じ手順でクラスタリングを行います。

k-means++法で中心点の初期位置を決めるときのポイントを説明しましょう。

1つ目の中心点は、データの中からランダムに選びます。2つ目以降の中心点は、すでに決まっている中心点から離れたデータを選びます。ただし、単に最も離れたデータを選ぶと、他のデータからも大きく外れたデータ（どのグループにも入りそうもないデータ）が選ばれてしまう恐れがあります。そこで、データが選ばれる確率を「距離／距離の合計」として、その確率に応じてランダムに選ぶのです。

2つ目以降の中心点を求める方法がわかりにくいと思いますので、シンプルな例を使って説明しましょう。図9-11を見てください。

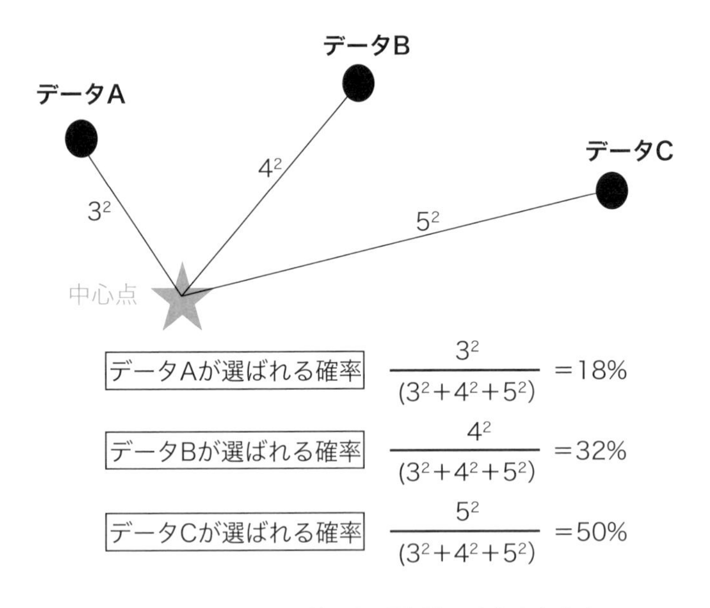

図9-11　k-means++法で2つ目以降の中心点を求める

図9-11では、1つ目の中心点とデータA、データB、データCがあり、それぞれのデータから中心点までの距離が、3^2、4^2、5^2だとします。2乗で表しているのは、ピタゴラスの定理で求めるからです。この場合の距離の2乗のことを、学術的には「分散」といいます。

2つ目の中心点は、データAが選ばれる確率を3^2／（$3^2+4^2+5^2$）＝18%、データBが選ばれる確率を4^2／（$3^2+4^2+5^2$）＝32%、データCが選ばれる確率を5^2／（$3^2+4^2+5^2$）＝50%として、ランダムに決めます。

3つ目以降の中心点を選ぶときは、すでに決まっている中心点のうち、各データから最も近い中心点との距離を使用して確率を求めます。こうすれば、どの中心点からも距離が離れているデータほど、次の中心点に選ばれる確率が、それなりに高くなります。ただし、最も離れたデータが選ばれる確率は、100%ではなく、ほどほどになります。

▶ k-means++法にプログラムを改良する

先ほどリスト9-1に示したプログラムを、k-means++法を使って改良してみましょう。変更を加えるのは、中心点の初期位置を設定するinit_center関数だけです。リスト9-1の（3）に示したinit_center関数の内容を、リスト9-2のように変更して、プログラムをclustering2.pyという名前で作成してください。

リスト9-2　k-means++法で中心点の初期位置を決めるプログラム（clustering2.pyの一部）

```
# 中心点の初期位置を設定する関数の定義
def init_center():
    # グローバル宣言
    global japanese_score, math_score, student_num, japanese_ce
nter, math_center, k
    # 乱数の種を変える
    random.seed()
    # 0～99のインデックスのリストを作成する
    idx_list = list(range(student_num))
    # ランダムに選んだデータを1つ目の中心点に設定する
    rnd_idx = random.choice(idx_list)
    japanese_center.append(japanese_score[rnd_idx])
    math_center.append(math_score[rnd_idx])
    # 設定した中心点の数を1にする
```

次ページに続く

Chapter 9

```
    center_num = 1
    # 残りの中心点を設定する
    while center_num < k:
        # それぞれのデータで、最も近い中心点までの距離の2乗を格納するリスト
        dist_square = []
        # それぞれのデータで、最も近い中心点までの距離の2乗を求める
        for i in range(student_num):
            # それぞれの中心点までの距離の2乗を格納するリスト
            dist = []
            for j in range(center_num):
                dist.append((japanese_score[i] - japanese_cente⏎
r[j])**2 +
                (math_score[i] - math_center[j])**2)
            # 最も近い中心点までの距離の2乗を記録する
            dist_square.append(min(dist))
        # 最も近い中心点までの距離の2乗を選択される重みとして、次の中心点を設⏎
定する
        next_idx = random.choices(idx_list, k=1, weights=dist_s⏎
quare)[0]
        japanese_center.append(japanese_score[next_idx])
        math_center.append(math_score[next_idx])
        # 設定した中心点の数に1を加える
        center_num += 1
```

改良したプログラムを実行して、何度かクラスタリングを行ってみましょう。図9-12は、4パターンのクラスタリングを行い、それぞれの中心点の初期位置を示したものです。

●パターン1（処理回数4回で完了）

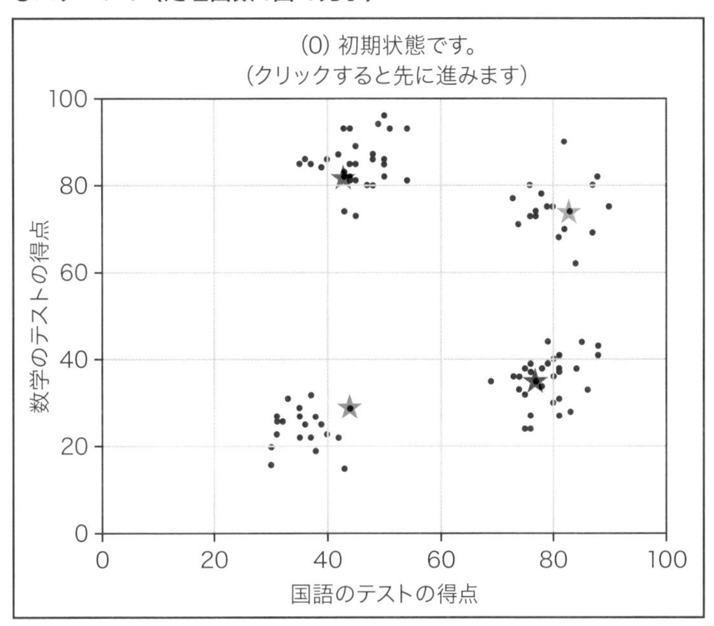

●パターン2（処理回数4回で完了）

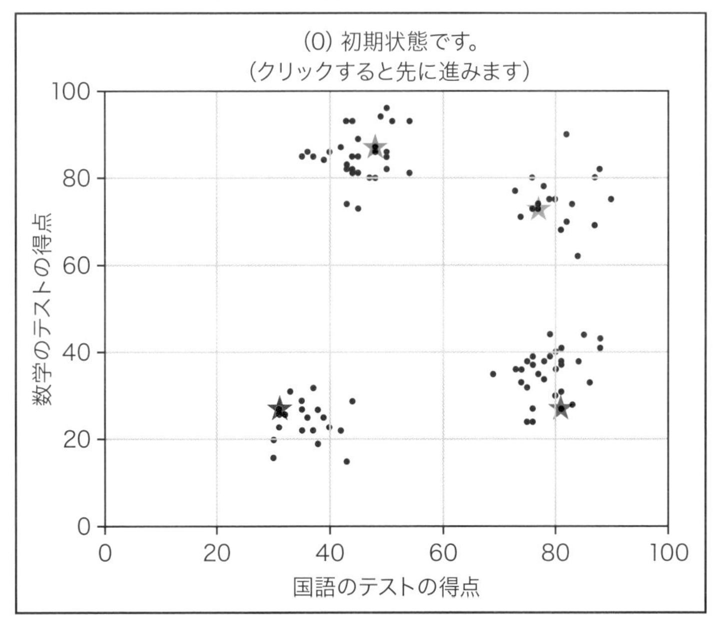

図9-12　k-means++法のクラスタリングを
4パターン行う際のそれぞれの中心点の初期位置（1/4）

●パターン3（処理回数6回で完了）

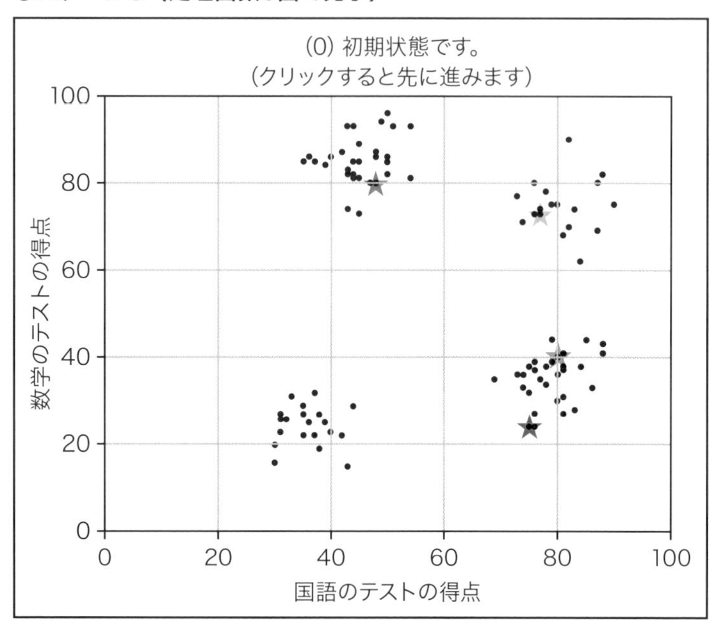

●パターン4（処理回数4回で完了）

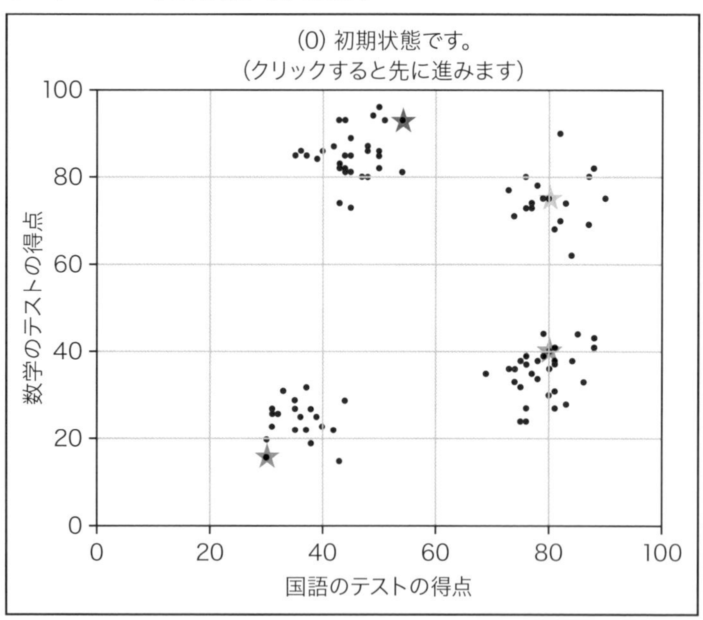

図9-12　k-means++法のクラスタリングを
4パターン行う際のそれぞれの中心点の初期位置（2/2）

図9-12では、どの場合も、不適切な初期位置にはなっていません。グループ分けが完了するまでのそれぞれの処理回数は4回、4回、6回、4回で多くありませんでした。ただし、確率を使っているとはいえ、中心点をランダムに選んでいることに変わりはないので、最も離れたデータが中心点になることも、お互いに位置が近い中心点が生じてしまうこともあり得ます。

◎ 適切なクラスタ数を見つけるには?

これまでに紹介したプログラムでは、4つのグループに分けるために中心点の数(クラスタ数)を4と指定していました。しかし、この場合のクラスタ数は本当に4つでよいのでしょうか。

最後に、「エルボー法」で、クラスタリングにおける適切なクラスタ数を判断します。

▶エルボー法の仕組み

エルボー法では、クラスタリングの良し悪しを評価する尺度として「SSE (Sum of Squared Errors=誤差平方和)」という値を使います。これは、クラスタリングが完了した後に各グループで中心点とデータの距離の2乗を求めて集計し、それらをすべてのグループで集計した値です。SSEの値が小さいほど、つまり中心点とデータの距離を集計した値が小さいほど、より良いクラスタリングだと判断できます。データが、中心点の近くに集まっているからです。

当然ですが、クラスタ数が多いほどSSEの値は小さくなります。極端にいえば、クラスタ数とデータ数を同じにしてすべてのデータを中心点にすれば、中心点から離れたデータは1つもないのでSSEが0になります。しかし、これは適切なクラスタリングではありません。例えば100人の学生を100のグループに分けたら、それはグループ分けとは呼べないからです。

エルボー法では、クラスタ数kの値を1から順に1つずつ増やしていき、クラスタ数を増やしてもSSEが大きく変わらないときに、「クラスタ数が適切である」と判断します。クラスタ数とSSEの関係をグラフに表示すると、適切なクラスタ数は、エルボー(肘)のように折れ曲がった箇所が示す値になります。

▶エルボー法のプログラム

これまでのプログラムを改造して、エルボー法をやってみましょう。改造する内容は、SSEの値を得るget_sse関数の定義の追加と、メインプログラムの変更です。

リスト9-3のget_sse関数の定義を、リスト9-2までを反映したプログラム（clustering2.py）のメインプログラムの前に追加してください。改造したプログラムはclustering3.pyというファイル名で作成します。

リスト9-3　SSEを求める関数の定義（clustering3.pyの一部）

```
# SSEを求める関数の定義
def get_sse():
    # データと中心点までの距離の2乗を集計する
    sse = 0
    for i in range(student_num):
        sse += (japanese_score[i] - japanese_center[group_idx↙
[i]]) ** 2 ¥
            + (math_score[i] - math_center[group_idx[i]]) ** 2
    return sse
```

さらに、メインプログラムは、リスト9-4に示した内容に書き換えてください。

リスト9-4　クラスタ数とSSEの値を折れ線グラフで表示するメインプログラム（clustering3.pyの一部）

```
# メインプログラム
if __name__ == '__main__':
    # 100人の学生の架空の得点データを作成する
    make_100data()
    # x軸のデータ(k = 1〜10)
    x_data = list(range(1, 11))
    # y軸のデータ(k = 1〜10におけるSSE)
    y_data = []
    # k = 1〜10におけるSSEを求める
    for k in x_data:
        # 中心点の初期位置を設定する
        init_center()
        # 中心点の移動がなくなるまで、グループ分けと中心点の移動を繰り返す
        center_fixed = False
        while not center_fixed:
            grouping()
```

次ページに続く

```
            move_center()
        # SSEを求める
        y_data.append(get_sse())
    # kとSSEの値を折れ線グラフに設定する
    plt.title("エルボー法で適切なクラスタ数を判断する", fontname="MS Go
thic")
    plt.xlabel("k（クラスタ数）", fontname="MS Gothic")
    plt.ylabel("SSE（誤差平方和）", fontname="MS Gothic")
    plt.xticks(x_data)
    plt.grid(True)
    plt.plot(x_data, y_data)
    plt.show()
```

図9-13に、プログラムの実行結果を示します。

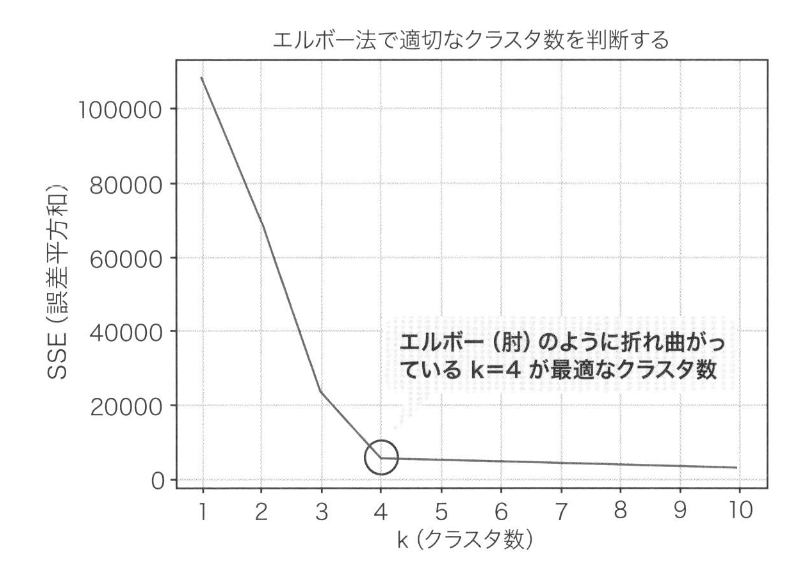

図9-13　リスト9-4までを反映したプログラム（clustering3.py）の実行結果

クラスタ数kの値を1から順に1つずつ増やすと、k＝4まではSSEが変化が大きいのですが、k＝5を超えるとSSEの変化がそれまでよりも小さくなります。この部分が、エルボー（肘）であり、k＝4が適切なクラスタ数であると判断できるのです。

補章

Python講座

補章 Python講座

補章では、Pythonを学び始めたばかりの人も本書のプログラムの内容を理解できるように、Pythonプログラミングの基礎を解説します。主に、1～9章のプログラムや本文で使われているPythonの構文、組み込み関数、標準モジュールなどを説明します。

各章の解説に入る前に、前提知識として、Pythonのプログラムの実行方法と基本的な記述ルールを確認しましょう。

◎プログラムの実行方法

Pythonのプログラムを実行する方法には、「実行モード」と「対話モード」があります。それぞれのモードの使い方を説明します。

▶実行モード

実行モードは、プログラムを記述したファイルを使って実行する方法です。まず、テキストエディターでPythonのプログラムを記述し、ファイルを保存します。このファイル名の拡張子は「.py」にしてください。次に、Pythonインタプリタが使用できる環境のコマンドプロンプト（Anacondaをインストールした場合は「Anaconda Prompt」）で、「python ファイル名.py」と入力して「Enter」キーを押します。すると、プログラムの内容がまとめて実行されます。

▶対話モード

対話モードは、1行ずつ入力したプログラムをすぐに実行し、対話形式で結果を確認する方法です。まず、コマンドプロンプトで「python」と入力して「Enter」キーを押し、Pythonインタプリタを起動した状態にします。プロンプト（>>>）に続けてPythonのプログラムを1行ずつ入力し、実行します。

◎基本的な記述ルール

Pythonのプログラムの書き方には、特徴があります。変数の宣言やインデント、改行などの基本的な記述ルールを説明します。

▶変数を宣言せずに使う

多くのプログラミング言語では、変数を使う前に、データ型と変数名を指定します。このことを、「変数を宣言する」といいます。

一方で、Python では、変数を宣言せずに使います。ただし、Python にデータ型がないわけではありません。整数型、小数点数型、文字列型、真偽値型などのデータ型があります。

Python では、データや関数など、メモリー上に実体を持つものを、すべてオブジェクトとして同様に取り扱います。変数には、何らかのオブジェクトの識別情報が格納されます。よって、変数自体にデータ型の指定は不要なのです。

▶処理の範囲はインデントで示す

関数の定義や if 文、for 文などの処理の範囲をブロックと呼びます。ブロックの中に記述する処理は、行頭にスペースを入れて、インデント（字下げ）します。行頭に入れるスペースの数は、一般的には 4 個分です。

同じブロック内の処理は、インデントをそろえなければなりません。

▶命令文の途中の改行には「¥」を使う

Python では、命令文の区切りを改行で表します。よって、1 つの命令文の途中で改行し、複数行に分けて記述することはできません。

ただし、行の末尾に **¥**（バックスラッシュ）を付けて改行すると、1 つの命令文を複数行に分けて記述できます。これは「¥」を付けることによって改行文字がキャンセルされるからです。

また、**( )** や **{ }** など、何らかのカッコで囲まれている命令文では、カッコを閉じる前なら、途中で改行することができます。

Python は 1 行の処理を実行できる

多くのプログラミング言語では、処理を関数やメソッドの中に記述しなければなりません。一方で、Python では、処理を単独で記述できます。例えば、print("hello") という 1 行の処理を記述すれば、そのまま実行できます。

◎1章の解説

ここからは、1 ～ 9 章のプログラムや本文で使われている Python の構文等を解説します。各章の解説では、その章で初めて出てくる内容を取り上げています。前の章までで出てきた内容については触れていません。よって、Python の基礎を順番に学んでいきたい人は、1 章の解説から順に読むことをおすすめします。

まずは、1章「あなたの100歳の誕生日は何曜日？」のプログラムや本文で使われているPythonの構文や組み込み関数について解説します。

1章の解説で学べる内容

- 算術演算子
- 代入と演算
- 文字列の連結
- 論理演算子
- if文による分岐
- 組み込み関数
- 関数の呼び出しと関数の定義
- メインプログラム
- リスト
- for文による繰り返し

▶算術演算子

算術演算子は、数値を演算するときに使います。算術演算子の種類を図1に示します。

算術演算子	機能	使用例
+	加算	ans = 5 + 2　→ 7が得られる
-	減算	ans = 5 - 2　→ 3が得られる
*	乗算	ans = 5 * 2　→ 10が得られる
/	除算	ans = 5 / 2　→ 2.5が得られる
//	除算の商	ans = 5 // 2　→ 2が得られる
%	除算の余り	ans = 5 % 2　→ 1が得られる
**	べき乗	ans = 5 ** 2　→ 25が得られる

図1　Pythonの算術演算子

▶代入と演算

代入は=で表します。変数aに「123」という値を代入する処理は、以下のように記述します。

```
a = 123
```

変数には、演算の式を代入できます。変数aに「a + 1」という演算結果を代入する処理は、以下のように記述します。

```
a = a + 1
```

このように、変数 a に演算を行った結果（a + 1）を、同じ変数 a に代入する場合は、**+=** という演算子を使って表すこともできます。先ほどの a = a + 1 という処理は、以下のように記述します。

```
a += 1
```

▶文字列の連結

文字列のデータは、" と "、または、' と ' で囲みます。

+（プラス）記号の **+** 演算子には、文字列を連結する機能があります。「abc」と「def」という文字列を連結する処理は、以下のように記述します。

```
"abc" +  "def"
```

この処理の実行結果は、"abcdef" になります。

*（アスタリスク）記号の * 演算子には、同じ文字列を繰り返し連結する機能があります。例えば、「abc」という文字列を 3 回繰り返す処理は、以下のように記述します。

```
"abc" * 3
```

この処理の実行結果は、"abcabcabc" になります。

▶論理演算子

論理演算子は、条件を結び付けたり否定したりするときに使います。図 2 に、論理演算子の種類を示します。演算の結果は、True、または、False になります。

論理演算子	機能	使用例
and	論理積（かつ）	条件1 and 条件2
or	論理和（または）	条件1 or 条件2
not	論理否定（でない）	not 条件

図2　Pythonの論理演算子

▶ if 文による分岐

if 文は、分岐を表します。if 文の基本構文を以下に示します。

```
if 条件A:
    条件AがTrueのときに実行する処理
elif 条件B:
    条件AがTrueではなく条件BがTrueのときに実行する処理
else:
    ここまでの条件がどれもTrueでないときに実行する処理
```

elif ブロックは、必要な数だけ並べられます。elif ブロックと else ブロックは、なくても構いません。

▶ 組み込み関数

Python には、すぐに使える様々な機能が、関数として用意されています。この関数のことを、組み込み関数といいます。図 3 に、本書で使われている組み込み関数を示します。

組み込み関数	機能
input(prompt)	promptを表示してキー入力された文字列を返す
print(object)	画面にobjectを表示する
int(x)	数字列xを整数に変換して返す
str(object)	objectを文字列に変換して返す
format(value, spec)	valueをspecの書式で文字列に変換して返す
range(start, stop)	start〜stop未満の整数のデータ列を返す
len(a)	リストaの長さ(要素数)を返す

図3　本書で使われているPythonの組み込み関数

▶ 関数の呼び出しと関数の定義

関数を呼び出す構文を以下に示します。

```
関数名(引数1,引数2, …)
```

プログラマが独自の関数を定義するときは、以下の構文を使います。

```
def 関数名(引数1, 引数2,…):
    処理
    return 戻り値
```

関数を呼び出すときに渡す値のことを、引数といい、関数を呼び出して得られる結果のことを戻り値といいます。

return から始まる文は return 文といいます。return 文には、戻り値を返す機能と、処理の流れを関数の呼び出し元に戻す機能があります。

ちなみに Python では、関数の定義や if 文などのブロックに、何も処理を記述しないとエラーになります。先にブロックだけを定義しておき、後から処理を記述するという場合には、ブロックの中に、**pass** と記述します。こうすればエラーになりません。

Python の関数では、引数の順序と数を変えられる

多くのプログラミング言語では、関数を呼び出すときに引数の順序と数は変更できません。

一方で、Python には、関数を呼び出すときの設定を省略できるオプション引数という引数があります。オプション引数には、省略するとデフォルト値が設定されます。

そのほかにも、任意の数の引数を設定できる可変長引数や、順序に関係なく引数名で設定できるキーワード引数などがあります。Python は、関数を呼び出すときの自由度が高いと言えるでしょう。

▶メインプログラム

メインプログラムは、プログラムの実行開始時に実行される処理のことです。メインプログラムの構文を以下に示します。

```
if __name__ == '__main__':
    処理
```

Python では、多くのプログラミング言語にある main 関数や main メソッド（実行開始位置となるもの）を定義できません。ただし、プログラムに if __name__ == '__main__': を記述することによって、そのブロック中の処理がプログラムの実行開始時に実行されます。

▶リスト

Pythonのリストは、多くのプログラミング言語の「配列」に相当するものです。例えば、5つの整数の要素を持つリストは、以下のように宣言します。

```
a = [12, 34, 56, 78, 90]
```

リストaの個々の要素は、a[0]～a[4]という表現で取り扱います。[ ]の中の数字を添字（インデックス）といい、添字は0から始まります。例えば、上記のリストaにおいて、a[0]は先頭の要素である「12」という値を示し、a[3]は先頭から3つ目（0から数えて3つ目）の「78」という値を示しています。

▶ for文による繰り返し

for文は、繰り返しを表します。for文の基本構文を以下に示します。

```
for 変数 in イテラブル:
```

イテラブルとは、複数の要素を持つオブジェクトのことです。イテラブルには、リスト、文字列、range関数などを指定します。

for文では、イテラブルの先頭から末尾までの要素を順番に取り出し、それを変数に格納することを繰り返します。

繰り返し処理は、break文によって中断できます。例えば、if文の条件に一致したときにbreakという命令文を実行して繰り返しを中断します。

◉2章の解説

2章「選挙で過半数を取った人は誰？」のプログラムや本文で使われているPythonの構文や標準モジュールについて解説します。

> 2章の解説で学べる内容
> - 比較演算子
> - リストのsortメソッド
> - リストのcountメソッド
> - 辞書
> - 標準モジュール
> - timeモジュールのsleep関数

▶比較演算子

比較演算子は、データを比較するときに使います。図４に、比較演算子の種類を示します。演算の結果は、True、または、False になります。

比較演算子	機能	if文の使用例
==	等しければTrue	if a == b:
!=	等しくなければTrue	if a != b:
>	より大きければTrue	if a > b:
>=	以上ならばTrue	if a >= b:
<	より小さければTrue	if a < b:
<=	以下ならばTrue	if a <= b:

図4　Pythonの比較演算子

▶リストの sort メソッド

Python のリストは、単なるデータの並びではなく、データの並びとそれらを処理するメソッドを持つオブジェクトです。

リストの sort メソッドを使うと、リストの内容を昇順にソートできます。「2、3、1」という値が格納されたリスト a を、昇順で並び替える処理は、以下のように記述します。

```
a = [2, 3, 1]
a.sort()
```

この処理を実行すると昇順にソートされ、リスト a の並び順は「1、2、3」になります。

一方で、リスト a を降順で並び替える処理は、以下のように記述します。

```
a.sort(reverse=True)
```

▶リストの count メソッド

リストの count メソッドを使うと、リストの中にある同じ値の要素数を得られます。「2、3、2、1、2、3」という値が格納されたリスト a において、値が「2」の要素の数を求める処理は、以下のように記述します。

```
a = [2, 3, 2, 1, 2, 3]
count(2)
```

この処理を実行すると、「3」という値が得られます。リストの中には「2」が3個あるということを示しています。このcountメソッドは、リストだけでなく、文字列や後述のタプルに対しても使えます。

▶辞書

Pythonの辞書は、リストや文字列と同様に、イテラブル（複数の要素を持つオブジェクト）です。辞書には、キーとバリュー（値）を対応付けた要素が格納されます。個々の要素を取得するときは、添字ではなくキーを指定することでバリューを得られます。

中身が空の辞書dを作成する処理は、以下のように記述します。

```
d = dict()
```

辞書dに、キーとバリューを対応付けた要素を格納する構文を以下に示します。

```
d[キー] = バリュー
```

▶標準モジュール

Pythonには、組み込み関数のほかにも、様々な機能の関数が集められたモジュールが用意されています。Pythonに標準で同梱されているモジュールのことを標準モジュールといいます。

モジュールの中の関数を呼び出して使うには、まず、プログラムにモジュールをインポートする必要があります。その後で、モジュールの中の関数を呼び出す処理を記述します。

モジュールをインポートするには、**import モジュール名**という構文を使います。インポートしたモジュールの中の関数を呼び出す処理は、**モジュール名.関数名**と記述します。この処理では、モジュール名を指定して関数を呼び出しています。

モジュールの中の関数を直接インポートするときは、**from モジュール名 import 関数名**という構文を使います。この構文でインポートする場合は、関数を呼び出すときにモジュール名を指定する必要はありません。

具体例で説明しましょう。例えば、mathモジュールのsqrt関数を呼び出すこととします。mathモジュールは数学計算用の関数が集められた標準モジュールです。sqrt関数は、数値の平方根を求める関数です。mathモジュールをインポートする処理は、以下のように記述します。

```
import math
```

インポートしたmathモジュールのsqrt関数を使って、2の平方根を求める処理は、以下のように記述します。mathというモジュール名を指定してsqrt関数を呼び出しています。

```
math.sqrt(2)
```

一方で、sqrt関数を直接インポートして呼び出す場合は、import mathの代わりに、以下のように記述します。

```
from math import sqrt
```

このようにインポートした場合は、モジュール名を指定せずに、以下のように記述するだけでsqrt関数を呼び出せます。

```
sqrt(2)
```

なお、モジュール名が長い場合には、**import 長いモジュール名 as 短い別名**という構文を使ってインポートすることで、モジュールに短い別名を付けることができます。このようにしてインポートした後は、プログラムの中では**短い別名.関数名**という構文でモジュールを指定し、関数を呼び出せます。

▶ timeモジュールのsleep関数

timeモジュールは、時刻に関する関数が集められた標準モジュールです。timeモジュールのsleep関数は、プログラムの実行を一時的に停止できる関数です。

import timeという処理でtimeモジュールをインポートした後に、以下のように記述することで、プログラムの実行を3秒間停止できます。

```
time.sleep(3)
```

◎3章の解説

3章「これってメールアドレスとして合ってる？」のプログラムや本文で使われているPythonの構文等について解説します。

3章の解説で学べる内容

- Python の命名規約
- 2次元リスト

▶ Python の命名規約

命名規約とは、プログラムの中で使う変数、定数、関数、クラスなどに名前を付けるときのルールです。クラスは、オブジェクトの定義であり、オブジェクトの型に相当します。

プログラミング言語の種類によって、よく使われる命名規約があります。Python では、図5に示す命名規約がよく使われます。

命名するもの	命名規約	命名の例
変数 関数 メソッド	・すべて小文字にする ・複数単語はアンダースコアで区切る	age adult_age
定数	・すべて大文字にする ・複数単語はアンダースコアで区切る	MAX MAX_SIZE
クラス	・先頭を大文字にする ・複数単語は区切りを大文字にする	Dog PetDog

図5　Pythonでよく使われる命名規則

▶ 2次元リスト

前述した通り、Python において多くのプログラミング言語の配列に相当するものはリストです。Python で2次元配列を取り扱う場合は、2次元リストを使います。2次元リストは、「リストを要素としたリスト」で表します。

2次元リストの個々の要素は、**配列名[添字1][添字2]** という構文で取り扱います。文字列を要素とした2次元リストを print 関数で出力するプログラムを以下に示します。

```
# 2次元リストを宣言する
a = [["apple", "grape"], ["dog", "cat"], ["coffee", "tea"]]
# 2次元リストの要素を表示する
print(a[2][0])
```

このプログラムを実行すると「coffee」が表示されます。a[2][0] は、「外側のリストの [2] 番目の要素の、内側のリストの [0] 番目の要素」を表しています。

◎4章の解説

4章「どうしてエレベータが通過しちゃうの？」のプログラムや本文で使われている標準モジュールの「Tkinter」について解説します。

Tkinter とは、GUI プログラムを作成するための機能が集められた標準モジュールです。GUI プログラムとは、画面に視覚的な要素を表示し、マウスで操作できるデスクトップアプリケーションのことです。Tkinter の基本的な使い方を説明していきます。

> 4章の解説で学べる内容
>
> Tkinter の基本的な使い方
>
> ● ウインドウを表示する　● テキストボックスとボタンを作成する
>
> ● イベント処理　● データ型　● メッセージボックスを表示する

▶ Tkinter でウインドウを表示する

「GUI プログラム」というタイトルのウインドウを表示するプログラムを以下に示します。

```
import tkinter as tk              # tkinterモジュールをインポートする
root = tk.Tk()                    # Tkのルートウインドウを作成する ――――(1)
root.title("GUIプログラム")        # ウインドウのタイトルを設定する ――――(2)
root.mainloop()                   # イベント待ちの無限ループを開始する ――(3)
```

(1) の「ルートウインドウ」とは、プログラムの土台となるウインドウのことです。

ウインドウに表示する GUI 部品（テキストボックスやボタンなど）を作成する処理は、(1) の root = tk.Tk() と (3) の root.mainloop() の間に記述します。ここでは、(2) の処理で、ルートウインドウに「GUI プログラム」という文字列を設定しています。

(3) では、ルートウインドウが表示され、イベント待ちの無限ループになります。この無限ループは、ウインドウを閉じることで終了し、プログラムも終了します。

このプログラムを実行すると、図6のようなウインドウが表示されます。

図6　Tkinterで表示したウインドウ

▶ Tkinter でテキストボックスとボタンを作成する

ルートウインドウにテキストボックスとボタンを配置しましょう。前述の通り、GUI 部品を作成する処理は、先ほどのプログラムの（1）の root = tk.Tk() と（3）の root.mainloop() の間の行に記述していきます。以下の（4）と（5）のプログラムを追加します。

```
import tkinter as tk              # tkinterモジュールをインポートする
root = tk.Tk()                    # Tkのルートウインドウを作成する ———(1)
root.title("GUIプログラム")        # ウインドウのタイトルを設定する ———(2)

# 20文字幅のテキストボックスを作成し0列0行目に配置する
txt = tk.Entry(root, width=20) ———————————————————(4)
txt.grid(column=0, row=0) ————————————————————————┘

# 「ボタン」と表示されたボタンを作成し1列0行目に配置する
btn = tk.Button(root, text="ボタン") —————————————(5)
btn.grid(column=1, row=0) ————————————————————————┘

root.mainloop()                   # イベント待ちの無限ループを開始する ——(3)
```

（4）で、テキストボックスを作成し、配置しています。(5）では、ボタンを作成し、配置しています。

このプログラムの実行結果は、図7のようになります。

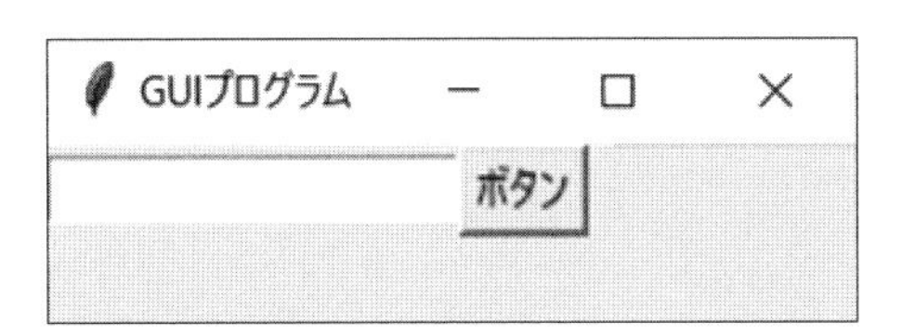

図7　ウインドウに配置したテキストボックスとボタン

▶ Tkinter のイベント処理

次は、イベント処理について説明します。イベント処理とは、画面上でユーザーが行う操作(クリック、キー入力など)によって発生する処理のことです。処理の内容は関数で定義します。

例えば、ボタンがクリックされたときに、関数に定義した処理を呼び出す処理は、以下のように記述します。なお、import tkinter as tk という処理によって、tkinter モジュールを tk という名前でインポートしていることを前提としています。これは、以降の Tkinter の説明でも同様です。

```
btn = tk.Button(root, text="ボタン", command=btn_click)
```

ここでは、btn_click という関数はあらかじめ定義しているものとします。ボタンを作成する Button 関数の引数 command に、btn_click 関数を指定しています。

▶ Tkinter のデータ型

Tkinter には、IntVar（整数型)、StringVar（文字列型)、BooleanVar（真偽値型）などのデータ型があります。例えば、StringVar 型の変数を作成する処理は、以下のように記述します。

```
data = tk.StringVar()
```

この変数 data に値を設定するには、**data.set(設定値)** という構文を使います。この変数に設定された値を取得するには、**data.get()** という構文を使います。

これらのデータ型の変数は、GUI 部品と対応付けることができます。つまり、変数の値を変更すると GUI 部品の状態（表示される文字列や選択状態など）が変化します。対応付けをするには、GUI 部品を作成するときに呼び出す関数の引数に、**variable= 変数名**や**textvariable= 変数名**を設定します。

▶ Tkinter でメッセージボックスを表示する

メッセージボックスを表示するには、Tkinter の messagebox モジュールをインポートしたあとで、messagebox モジュールの showinfo 関数を使います。

Tkinter の messagebox モジュールをインポートする処理は、以下のように記述します。

```
import tkinter.messagebox as messagebox
```

インポートした messagebox モジュールの showinfo 関数を使ってメッセージボックスを表示します。showinfo 関数を呼び出す処理は、以下のように記述します。

```
messagebox.showinfo("文字列")
```

◎5章の解説

5 章「お釣りの硬貨の枚数を最小にする」のプログラムや本文で使われている Python の構文等について解説します。

5 章の解説で学べる内容

- float 型の無限大
- グローバル変数の宣言
- リストの連結
- リスト内包表記
- while 文による繰り返し
- f 文字列
- 特殊文字の ¥n と ¥t
- print 関数の引数 end

▶ float 型の無限大

float 型（浮動小数点数型）では、無限大を inf というオブジェクトで表せます。変数 x に無限大を意味する inf を代入する処理は、次のように記述します。

```
x = float("inf")
```

▶ グローバル変数の宣言

Python では、前述の通り、変数を宣言せずに使います。変数が作られるのは、変数に値を代入したときです。例えば、以下の処理を実行した時点で、新たに変数 x が作成されます。

```
x = 123
```

関数の外で作成された変数は、プログラムのどこからでも利用できるグローバル変数になります。一方で、関数の中で作成された変数は、その関数の中だけで利用できるローカル変数になります。

関数の外でx = 123という処理を行うと、xというグローバル変数が作成されます。この状態で、関数の中でx = 456という処理を行っても、グローバル変数xには456が代入されません。関数の中では、xという新たなローカル変数が作成され、456という値が代入されます。

関数の中でグローバル変数xを使うには、**global x**という構文で、変数xがグローバル変数であることを宣言する必要があります。

▶リストの連結

+（プラス）記号の+演算子を使うと、リストを連結できます。前述した文字列の連結と同様です。例えば、[1, 2, 3]というリストと[4, 5, 6]というリストを連結する処理は、以下のように記述します。

```
[1, 2, 3] + [4, 5, 6]
```

この処理を実行すると、[1, 2, 3, 4, 5, 6]というリストが作成されます。

*（アスタリスク）記号の*演算子には、同じリストを繰り返し連結する機能があります。例えば、[0]というリストを10回繰り返す処理は、以下のように記述します。

```
[0] * 10
```

この処理を実行すると、[0, 0, 0, 0, 0, 0, 0, 0, 0, 0]というリストが作成されます。

▶リスト内包表記

リストを作成するときに、[ ]の中に記述した処理によってリストの要素を作成できます。これをリスト内包表記と呼びます。内包表記を使ってリストaを作成する処理を以下に示します。

```
a = [n * 2 for n in range(1, 11)]
```

この処理を実行すると、[2, 4, 6, 8, 10, 12, 14, 16, 18, 20]というリストが作成されます。このリストの要素には、range関数が返す1～10（11未満）の整数が、for文の変数nに得られ、それをn * 2で2倍した値が順に格納されています。

▶ while 文による繰り返し

Python の繰り返しの構文には、前述した for 文だけでなく while 文があります。while 文の構文を以下に示します。

```
while 条件:
    処理
```

この構文では、条件が True である限り、while ブロックの中に記述された処理が繰り返されます。

while 文は、処理を行う前に条件をチェックする「前判定」の繰り返しです。多くのプログラミング言語には、処理を行った後に条件をチェックする「後判定」の繰り返しの構文がありますが、Python にはありません。Python で後判定の繰り返しを行うには、以下のように、条件を True として無限ループを作り、if 文で条件をチェックします。

```
while True:
    処理
    if (条件):
        break
```

この構文では、条件に一致したら、break 文を使って繰り返しを終了します。

▶ f 文字列

f 文字列は、文字列の一部に変数や式を入れ、実行時に置き換えることができる Python の機能です。文字列の先頭に f を付け、**f" 文字列 { 変数 } 文字列 "** という構文で表します。f 文字列を使って、変数 x の値が入った文字列を表示する処理は、以下のように記述します。

```
x = 3
print(f"変数の値は{x}です。")
```

この処理を実行すると、「変数の値は 3 です。」と表示されます。

また、**f"{ 変数 : 書式指定 }"** という構文で、変数の書式を指定できます。変数 x の書式を指定して文字列を表示する処理は、以下のように記述します。

```
x = 0.12345
print(f"変数の値は{x:.2f}です。")
```

この処理を実行すると、「変数の値は 0.12 です。」と表示されます。ここでは、.2f という書式を指定することで、変数 x の値が小数点以下 2 桁まで表示されています。

▶特殊文字の ¥n と ¥t

¥n は、改行を意味する特殊文字です。"abc¥ncde" という文字列を表示すると、¥n の部分で改行されます。

¥t は、Tab を意味する特殊文字です。"abc¥tcde" という文字列を表示すると、¥t の部分に Tab が入ります。

▶ print 関数の引数 end

print 関数の end という引数には、最後に表示する文字列を指定します。引数 end にはデフォルトで ¥n が設定されています。よって、print 関数を使って画面に表示を行うと改行されます。

print 関数の引数に、**end = ""** と設定すると、改行されません。

◉6章の解説

6 章「新宿から秋葉原までの最短経路は？」のプログラムや本文で使われている Python の構文等について解説します。

6 章の解説で学べる内容

- 構造体として使う辞書
- 辞書を要素としたリスト
- リストの append メソッド
- リストの reverse メソッド
- タプル
- タプルのアンパック
- イテラブルの特徴

▶構造体として使う辞書

多くのプログラミング言語には、複数の変数をまとめて 1 つのデータとする構造体という表現があります。Python では、辞書を使うことで、構造体と同様のデータを表現できます。

例えば、以下の 3 つの変数をまとめましょう。

```
time = 0
prev = -1
fixed = False
```

これらをまとめて構造体として表すには、変数名をキー、変数の値をバリューとした辞書を使います。

```
{"time":0, "prev":-1, "fixed":False}
```

▶辞書を要素としたリスト

リストの要素は、整数や小数点数などの単純なデータだけでなく、イテラブル（リスト、文字列、辞書など）を格納することもできます。6章のプログラムでは、辞書を構造体として使い、辞書を要素としたリストを、構造体の配列としています。

▶リストのappendメソッド

多くのプログラミング言語の配列は、宣言時に指定した要素数を後から変更できません。これを固定長といいます。

それに対して、Pythonのリストは、appendメソッドを使って要素を後から追加できます。これを可変長といいます。要素がない空のリストaを作成し、後からappendメソッドで「12、34、56」という要素を追加する処理は、以下のように記述します。

```
a = []              # 空のリストを作成する
a.append(12)        # リストに12という要素を追加する
a.append(34)        # リストに34という要素を追加する
a.append(56)        # リストに56という要素を追加する
```

この処理を実行すると、リストの内容は[12, 34, 56]になります。

▶リストのreverseメソッド

リストのreverseメソッドを使うと、リストの要素を逆順に並べ替えられます。リストaの要素を逆順に並べるプログラムを以下に示します。

```
a = [12, 34, 56]
a.reverse()
```

このプログラムを実行すると、リストaの内容は[56, 34, 12]になります。

▶タプル

タプルは、リスト、文字列、辞書などと同様に、イテラブルです。(1, 2, 3)のように要素を()で囲むとタプルと見なされます。リストとタプルの違いは、リストが可変である（要素の値を変更できる）のに対して、タプルは不変である（要素の値を変更できない）ことです。

▶タプルのアンパック

タプルの要素をそれぞれ別の変数に代入する機能のことを、タプルのアンパックと呼びます。変数a、b、cに、それぞれタプルの要素を代入する処理は、以下のように記述します。

```
(a, b, c) = (12, 34, 56)
```

この処理を実行すると、左辺のタプルの要素である変数a、b、cに、右辺のタプルの要素である12、34、56が、それぞれ代入されます。タプルを囲む( )は省略できるので、以下のように記述することもできます。

```
a, b, c = 12, 34, 56
```

このような表現を使えば、1つの代入文で、複数の変数に値を代入できます。

関数の戻り値としてタプルを返せば、複数の戻り値をまとめて返すことができます。例えば、以下のように2つの戻り値を返すmy_func関数があるとします。

```
def my_func():
    処理
    return ans1, ans2
```

my_func関数を呼び出すときは、以下のように記述します。

```
ret1, ret2 = my_func()
```

このように記述することで、2つの戻り値を変数ret1と変数ret2に取得できます。

▶イテラブルの特徴

ここまでに説明したイテラブル（リスト、文字列、辞書、タプル）の特徴を、図8にまとめておきます。本書では、基本的にリストを使い、その他のイテラブルは、それぞれの特徴が活用できる場面で使っています。

イテラブルの種類	要素の指定	要素の値の変更
リスト	[添字]で指定する	できる
文字列	[添字]で指定する	できない
辞書	[キー]で指定する	できる
タプル	[添字]で指定する	できない

図8　イテラブルの種類と特徴

◎7章の解説

7章「電気自動車の消費する電力量が最小になる経路は？」のプログラムや本文で使われているPythonの構文等について解説します。

7章の解説で学べる内容

- sysモジュールのexit関数
- 空を表すNone
- 変数の位置のアンダースコア
- 2次元リストの要素の記述方法

▶ sysモジュールのexit関数

sysモジュールは、Pythonの実行環境の動作に関する関数が集められた標準モジュールです。sysモジュールのexit関数を使うと、Pythonインタプリタが終了し、その時点でプログラムも終了します。

import sysという処理でsysモジュールをインポートした後に、以下の処理を行うことで、プログラムを終了させます。

```
sys.exit()
または
sys.exit(終了ステータス)
```

引数の「終了ステータス」は、プログラムの終了時の状態を示す値であり、デフォルトでは正常終了を示す0になります。

▶空を表すNone

Noneは、「空」を意味するPythonの予約語です。予約語とは、プログラム中において、あらかじめ意味が決められている言葉のことです。例えば、a = Noneという処理で変数aにNoneを代入すると、変数aには値が代入されておらず空であることを示せます。

変数が空であるかどうかを比較するには、以下のようにis演算子を使います。

```
a is None
```

変数が空でないことを比較するには、以下のようにis not演算子を使います。

```
a is not None
```

▶変数の位置のアンダースコア

for文などにおいて、変数の位置に置かれている「_」(アンダースコア)は、変数に値を格納しないことを意味します。

具体的に説明しましょう。例えば、for文を使った10回の繰り返し処理は以下のように記述します。

```
for n in range(10):
```

この処理によって、変数nに0〜9の値が順番に格納されますが、繰り返し処理の中でこの変数nの値を使わないなら、変数nがあることは、冗長です。

変数の位置にアンダースコアを置いたfor文の処理を以下に示します。

```
for _ in range(10):
```

このように記述することで、0〜9の値を変数に格納することなく、10回の繰り返し処理を行います。

▶2次元リストの要素の記述方法

Pythonでは、改行が命令の区切りを示すので、長い命令であっても途中で改行することはできません。ただし、前述したようにカッコを閉じる前であれば、途中で改行できます。改行を使うと、以下のように2次元配列の要素をわかりやすく記述できます。

```
a = [
[1, 2, 3]
[4, 5, 6]
]
```

◉8章の解説

8章「みんなが幸せになれる『安定マッチング』」のプログラムや本文で使われているPythonの構文等について解説します。

8章の解説で学べる内容

- バリューがリストとなっている辞書
- 辞書のvaluesメソッド
- 辞書のpopメソッド
- in演算子とnot in演算子
- シーケンスのindexメソッド
- イテラブルとシーケンスで使える機能

▶バリューがリストとなっている辞書

8章のプログラムでは、以下のように、文字列をキーとして、バリューを文字列のリストとした辞書を使っています。

```
employee_dict = {
    "Aさん":["X部", "Y部", "Z部"],
    "Bさん":["X部", "Y部", "Z部"],
    "Cさん":["Y部", "Z部", "X部"]
}
```

この辞書では、employee_dict[キー]という構文で、キーに対応するバリュー（リスト）が得られます。例えば、「Aさん」というキーに対応するリストを取得する処理は、以下のように記述します。

```
employee_dict["Aさん"]
```

この処理によって、["X部", "Y部", "Z部"]というリストが得られます。

さらに、**employee_dict[キー][添字]**という構文で、リストの要素が得られます。例えば、「Aさん」というキーに対応するリストの添字が0の要素を取得する処理は、以下のように記述します。

```
employee_dict["Aさん"][0]
```

この処理によって、"X部"というリストの要素が得られます。

▶辞書のvaluesメソッド

辞書のvaluesメソッドを使うと、辞書の中にあるバリューの一覧を取得できます。例えば、以下のような辞書dを作成します。

```
d = {"A":12, "B":34, "C":56}
```

この辞書dに対してvaluesメソッドを使う処理は、以下のように記述します。

```
d.values()
```

この処理によって、12、34、56というバリューの一覧（これもイテラブルです）を取得できます。この一覧は、for文で処理することや、後で説明するin演算子の対象とすることができます。

▶辞書のpopメソッド

辞書のpopメソッドを使うと、キーを指定して辞書から要素を削除できます。popメソッドは、戻り値として削除された要素のバリューを返します。したがって、popメソッドによって、辞書から要素を取り出すことができます。例えば、先ほどと同様に、以下のような辞書dを作成します。

```
d = {"A":12, "B":34, "C":56}
```

この辞書dに対してpopメソッドを使う処理は、以下のように記述します。

```
val = d.pop("A")
```

この処理によって、"A":12という要素が削除され、変数valには「12」が格納されます。辞書dの内容は{'B': 34, 'C': 56}になります。

▶ in演算子とnot in演算子

in演算子は、イテラブルの中に要素があることを判定する演算子です。イテラブルの中に要素があればTrueとなり、要素がなければFalseとなります。**要素 in イテラブル**という構文を使います。

例えば、a = [12, 34, 56]というリストを作成した場合、12 in aは、Trueとなります。リストaの中に「12」という要素あるからです。78 in aは、Falseとなります。リストaの中に「78」という要素はないからです。

not in演算子は、イテラブルの中に要素がないことを判定する演算子です。先ほどとは逆で、イテラブルの中に要素があればFalseとなり、要素がなければTrueとなります。**要素 not in イテラブル**という構文を使います。

先ほどと同様にa = [12, 34, 56]というリストを作成した場合、12 not in aは、Falseとなります。78 not in aは、Trueとなります。

辞書において、このin演算子を使うと、指定したキーの要素があればTrueとなり、なければFalseとなります。例えば、d = {"A":12, "B":34, "C":56}という辞書を作成した場合、"A" in dは、Trueとなり、"A" not in dは、Falseとなります。

辞書のバリューをin演算子の対象としたい場合は、辞書のvaluesメソッドを使ってバリューの一覧を得ます。例えば、12 in d.values()は、Trueとなり、12 not in d.values()は、falseになります。

▶シーケンスのindexメソッド

イテラブルの中で、添字で要素を指定できるリスト、文字列、タプルのことを、シーケンスと呼びます。シーケンスでは、引数で指定した要素を探索して最初に見つかった位置（添字）を返すindexメソッドが使えます。

a = [1, 2, 3, 1, 2, 3]というリストを作成し、リストaに対してindexメソッドを使う処理は、以下のように記述します。ここでは、「3」という要素を探索しています。

```
a.index(3)
```

この処理を実行すると、「3」という要素が最初に見つかった位置の添字である「2」が返されます。

ちなみに、リストaに存在しない要素を探索すると、エラーになります。

▶イテラブルとシーケンスで使える機能

これまでに説明したイテラブルとシーケンスでそれぞれ使える機能を図9にまとめておきます。

イテラブルで使える機能	len関数、in演算子、not in演算子
シーケンスで使える機能	+演算子、*演算子、countメソッド、indexメソッド

図9　イテラブルとシーケンスで使える機能

◉9章の解説

9章「あなたは文系か理系か、それとも両方か？」のプログラムや本文で使われている標準モジュールやPythonのライブラリについて解説します。

9章の解説で学べる内容

- randomモジュール
- copyモジュール
- Matplotlibライブラリ

▶ randomモジュール

randomモジュールは、乱数に関する様々な関数が集められた標準モジュールです。ここでは、seed関数、randint関数、normalvariate関数を紹介します。

seed関数は、「乱数の種」を変えます。乱数の種とは、乱数を得る計算で使われる数値のことです。この乱数の種を変えると、毎回異なるパターンで乱数が生成されます。

seed（乱数の種）という構文で、引数に、乱数の種を任意の整数で指定することもできます。同じ乱数の種を指定すると、毎回同じパターンで乱数が生成されます。

randint関数は、最小値～最大値の範囲の整数の乱数を返します。**randint（最小値，最大値）**という構文で、引数に最小値と最大値を指定します。

normalvariate関数は、引数で指定された平均値と標準偏差の乱数を返します。**normalvariate（平均値 , 標準偏差）**という構文で、引数に平均値と標準偏差を指定します。

▶ copyモジュール

copyモジュールは、オブジェクトのコピーに関する関数を集めた標準モジュールです。copyモジュールのcopy関数を使うと、オブジェクトをコピーできます。

obj1というオブジェクトのコピーを生成し、変数obj2に代入する処理は、以下のように記述します。

```
obj2 = copy.copy(obj1)
```

▶ Matplotlibライブラリ

Matplotlibは、グラフを描画するPythonのライブラリです。Pythonのプログラミング環境の1つであるAnacondaには、Matplotlibライブラリが標準で同梱されています。Anacondaをインストールしている場合は、このライブラリを個別にインストールする必要はありません。

Matplotlibのpyplotモジュールを使って、ランダムな100個のデータの散布図を描画するプログラムを以下に示します。

```
import matplotlib.pyplot as plt    # pltという別名を付けてインポートする
import random                      # 乱数を使うためにインポートする
plt.xlim(0, 100)                   # グラフの横軸の範囲を設定する
plt.ylim(0, 100)                   # グラフの縦軸の範囲を設定する
plt.grid(True)                     # グラフに格子を付ける
# 散布図に100個のランダムなデータを設定する
for _ in range(100):
    x = random.randint(0, 100)     # データのx座標を設定する
    y = random.randint(0, 100)     # データのy座標を設定する
    plt.scatter(x, y, marker="*")  # 散布図にデータを設定する ———(1)
plt.draw()                         # 散布図を描画する
plt.show()                         # 散布図のウインドウを表示する
```

（1）で、pyplotモジュールのscatter関数を使って散布図を描いています。scatter関数の引数には、データのx座標、y座標、マーカー（描画される点の形、ここでは星形）を設定しています。実行結果の例を図10に示します。

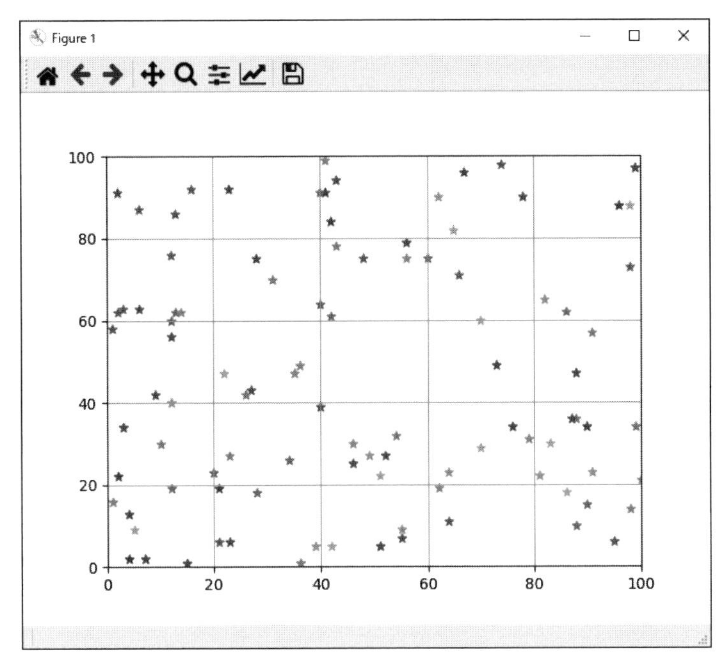

図10　Matplotlibのpyplotモジュールを使って描いた散布図

Matplotlib の pyplot モジュールでは、グラフが描画されたウインドウでイベント処理を行うことができます。イベント発生時に関数を呼び出すには、**plt.connect ("イベント名", 関数名)** という構文を使います。

マウスがクリックされたときにあらかじめ定義した関数を呼び出す処理は、以下のように記述します。ここでは、button_press 関数をあらかじめ定義しているものとします。

```
plt.connect("button_press_event", button_press)
```

この処理を実行すると、グラフが描かれたウインドウ上でマウスがクリックされたときにbutton_press 関数が呼び出されます。

以上で、本書の 1 ～ 9 章の本文やプログラムで使われている Python の構文や組み込み関数、標準モジュール等の解説を終わります。

あとがき

皆さん、いかがでしたか。身近な問題を解くことを楽しみながら、必修アルゴリズムをマスターできましたか。

アルゴリズムは、暗記してマスターするものではありません。何度も繰り返し練習して、体に覚えこませるものです。もし、理解が不十分な章があれば、繰り返し読んでください。その際に、皆さん自身のアイデアで、プログラムを改良してみてください。改良することも、プログラミングの大きな楽しみの1つです。

改良したプログラムが思い通りに動作すれば、ゾクゾクするほど楽しくて、最高にハッピーな気持ちになれます。そして、必修アルゴリズムを確実にマスターできます。

本書をお読みいただき、ありがとうございました。これからも、プログラミングを楽しみましょう。

謝辞

本書の発行に際して、企画の段階からお世話になりました日経ソフトウエアの久保田浩編集長、安井晴海記者、和田沙央里記者、そしてスタッフの皆様全員に、心より感謝申し上げます。また、『日経ソフトウエア』に連載された「Pythonで楽しむ身近なアルゴリズム」の記事に対して、筆者の説明不足や誤りへのご指摘、ならびに激励の言葉をお寄せくださいました読者の皆様に、この場をお借りして厚く御礼申し上げます。

索引

C

copy モジュール……222
count メソッド……36, 203
C-LOOK……82
C-SCAN……82

D

DP テーブル……93

F

for 文……202
f 文字列……212

G

GUI……65, 207

I

if 文……200, 202, 203, 212

K

k-means 法……169
k-means++ 法……169, 183

L

LOOK……82, 83

M

Matplotlib……222

P

pass……69, 201

R

random モジュール……221
return 文……201

S

SCAN……82, 83
sort メソッド……36, 203
SSE……191
sys モジュール……216

T

time モジュール……205
Tkinter……65, 207

記号／数字

¥……197
2 次元リスト……94, 118, 206, 217

あ

安定結婚問題……150
安定したマッチング……150
安定マッチング問題……150

い

イテラブル……202, 215, 221
イベント処理……209, 223
インデント……197

え

エルボー法……169, 191
エレベータのアルゴリズム……62, 70, 83
演算子……198, 199, 203

お

重み……130

か

関数……200

き

キー……204

く

組み込み関数……200
クラスタ数……169, 191
クラスタリング……169
グローバル変数……69, 99, 182, 210

け
計算量……29
ゲール＝シャプレー・アルゴリズム……155
決定表……70

こ
コイン問題……88

さ
最短経路……110, 131
算術演算子……198
散布図……168, 222

し
辞書……37, 204
実行モード……196
状態遷移図……46
状態遷移表……55

す
ステートマシン図……46, 48

そ
添字……202

た
ダイクストラ法……110
対話モード……196
タプル……214

ち
力まかせ法……91

て
データ型……69, 197, 209

と
動的計画法……93
ドメイン部……45
トリガ……46
貪欲法……88

は
ハードディスクのアルゴリズム……80
配列……26, 202
バリュー……204, 218

ひ
比較演算子……203
引数……201
ピタゴラスの定理（三平方の定理）……182
標準モジュール……204

ふ
不安定なマッチング……150
フェアフィールドの公式……17
負の重み……130
負閉路……134
ブロック……197, 201

へ
平均位置……171
ベルマン＝フォード法……133
変数……197, 210

ほ
ボイヤーとムーアのレポート……30

ま
万年カレンダー……4

む
無限大……92, 122, 135, 210

め
メインプログラム……201

も
モジュール……204
戻り値……201

り
リスト……202, 203, 211, 214

ろ
ローカル部……45
論理演算子……199

著者プロフィール

矢沢 久雄 (やざわ・ひさお)

1961年栃木県足利市生まれ
株式会社ヤザワ 代表取締役社長
グレープシティ株式会社 アドバイザリースタッフ

大手電機メーカーでパソコンの製造、ソフトハウスでプログラマを経験した後、現在は独立してパッケージソフトの開発と販売に従事している。本業のほかにも、プログラミングに関する書籍や記事の執筆活動、学校や企業における講演活動なども精力的に行っている。自称ソフトウエア芸人。

主な著書

『プログラムはなぜ動くのか 第3版』(日経BP)
『コンピュータはなぜ動くのか 第2版』(日経BP)
『情報処理教科書 出るとこだけ!基本情報技術者 テキスト&問題集』(翔泳社)
『コンピュータのしくみがよくわかる! C言語プログラミングなるほど実験室』(技術評論社)
『10代からのプログラミング教室』(河出書房新社)
ほか多数

初出

日経ソフトウエア 2020年1月号~2021年11月号
「Pythonで楽しむ身近なアルゴリズム」第1回~第4回、第6回、第9回~第12回

本書は上記連載を全面的に見直し、加筆・修正したものです。

本書のサンプルプログラムについて

本書で使用するサンプルプログラム（掲載コード）は、サポートサイトからダウンロードできます。下記のサイト URL にアクセスし、本書のサポートページにてファイルをダウンロードしてください。また、訂正・補足情報もサポートページにてお知らせします。

サポートサイト（日経ソフトウエア別冊の専用サイト）
https://nkbp.jp/nsoft_books

身近な疑問を解いて身につける必修アルゴリズム

2022 年 11 月 7 日　第 1 版第 1 刷発行

著　　者　矢沢 久雄
発 行 者　中野 淳
編　　集　和田 沙央里
発　　行　株式会社日経 BP
発　　売　株式会社日経 BP マーケティング
　　　　　〒 105-8308　東京都港区虎ノ門 4-3-12
装　　丁　小口 翔平＋後藤 司 (tobufune)
イラスト　白井 匠
制　　作　JMC インターナショナル
印刷・製本　図書印刷

ISBN　978-4-296-20023-8